U0324148

全国科学技术名词审定委员会

公　　布

化　工　名　词

CHINESE TERMS IN CHEMICAL INDUSTRY AND ENGINEERING

（四）

安全·环保·可持续发展

2020

化工名词审定委员会

国家自然科学基金资助项目

科　学　出　版　社

北　京

内 容 简 介

本书是全国科学技术名词审定委员会审定公布的化工名词（四）——安全·环保·可持续发展分册，内容包括：通类、炼油与化工企业健康-安全-环境管理、危险化学品与相关管理法规、可持续发展，收录词条共900条。本书对每个词条都给出了定义或注释。本书公布的名词是全国各科研、教学、生产、经营以及新闻出版等部门应遵照使用的化工规范名词。

图书在版编目（CIP）数据

化工名词. 四，安全·环保·可持续发展/化工名词审定委员会审定. —北京：科学出版社，2020.11

全国科学技术名词审定委员会公布

ISBN 978-7-03-066281-1

Ⅰ. ①化… Ⅱ. ①化… Ⅲ. ①化学工业－名词术语 Ⅳ. ①TQ-61

中国版本图书馆 CIP 数据核字（2020）第 189246 号

责任编辑：李明楠 孙 曼 / 责任校对：杜子昂

责任印制：吴兆东 / 封面设计：时代世启

科 学 出 版 社 出版

北京东黄城根北街 16 号

邮政编码：100717

http://www.sciencep.com

北京建宏印刷有限公司印刷

科学出版社发行 各地新华书店经销

*

2020 年 11 月第 一 版 开本：787×1092 1/16

2021 年 1 月第二次印刷 印张：7 3/4

字数：181 000

定价：128.00 元

（如有印装质量问题，我社负责调换）

全国科学技术名词审定委员会
第七届委员会委员名单

化工名词审定委员会委员名单

安全·环保·可持续发展名词审定分委员会
委员名单

主　任：王浩水

委　员（以姓名笔画为序）：

王　强　王子康　王凯全　方向晨　乔建江　刘春平　牟善军

吴长江　吴重光　陈　坚　罗　强　赵振辉　寇建朝　嵇建军

安全·环保·可持续发展名词编审组专家名单

专　家（以姓名笔画为序）：

马世海　马艳秋　王　燕　王凯全　王浩水　卢传敬　白　桦

乔建江　刘　忠　刘小辉　刘永斌　刘春平　刘效松　许　倩

杜红岩　李文波　杨芳芳　吴　巍　况成承　张启敏　陆鹏宇

陈　鸣　陈　俊　俞雪兴　洪定一　栾金义　黄志华　黄秋明

白春礼序

科技名词伴随科技发展而生，是概念的名称，承载着知识和信息。如果说语言是记录文明的符号，那么科技名词就是记录科技概念的符号，是科技知识得以传承的载体。我国古代科技成果的传承，即得益于此。《山海经》记录了山、川、陵、台及几十种矿物名；《尔雅》19篇中，有16篇解释名物词，可谓是我国最早的术语词典；《梦溪笔谈》第一次给“石油”命名并一直沿用至今；《农政全书》创造了大量农业、土壤及水利工程名词；《本草纲目》使用了数百种植物和矿物岩石名称。延传至今的古代科技术语，体现着圣哲们对科技概念定名的深入思考，在文化传承、科技交流的历史长河中作出了不可磨灭的贡献。

科技名词规范工作是一项基础性工作。我们知道，一个学科的概念体系是由若干个科技名词搭建起来的，所有学科概念体系整合起来，就构成了人类完整的科学知识架构。如果说概念体系构成了一个学科的“大厦”，那么科技名词就是其中的“砖瓦”。科技名词审定和公布，就是为了生产出标准、优质的“砖瓦”。

科技名词规范工作是一项需要重视的基础性工作。科技名词的审定就是依照一定的程序、原则、方法对科技名词进行规范化、标准化，在厘清概念的基础上恰当定名。其中，对概念的把握和厘清至关重要，因为如果概念不清晰、名称不规范，势必会影响科学研究工作的顺利开展，甚至会影响对事物的认知和决策。举个例子，我们在讨论科技成果转化问题时，经常会有“科技与经济‘两张皮’”“科技对经济发展贡献太少”等说法，尽管在通常的语境中，把科学和技术连在一起表述，但严格说起来，会导致在认知上没有厘清科学与技术之间的差异，而简单把技术研发和生产实际之间脱节的问题理解为科学研究与生产实际之间的脱节。一般认为，科学主要揭示自然的本质和内在规律，回答“是什么”和“为什么”的问题，技术以改造自然为目的，回答“做什么”和“怎么做”的问题。科学主要表现为知识形态，是创造知识的研究，技术则具有物化形态，是综合利用知识于需求的研究。科学、技术是不同类型的创新活动，有着不同的发展规律，体现不同的价值，需要形成对不同性质的研发活动进行分类支持、分类评价的科学管理体系。从这个角度来看，科技名词规范工作是一项必不可少的基础性工作。我非常同意老一辈专家叶笃正的观点，他认为：“科技名词规范化工作的作用比我们想象的还要大，是一项事关我国科技事业发展的基础设施建设工作！”

科技名词规范工作是一项需要长期坚持的基础性工作。我国科技名词规范工作已经有 110 年的历史。1909 年清政府成立科学名词编订馆，1932 年南京国民政府成立国立编译馆，是为了学习、引进、吸收西方科学技术，对译名和学术名词进行规范统一。中华人民共和国成立后，随即成立了“学术名词统一工作委员会”。1985 年，为了更好促进我国科学技术的发展，推动我国从科技弱国向科技大国迈进，国家成立了“全国自然科学名词审定委员会”，主要对自然科学领域的名词进行规范统一。1996 年，国家批准将“全国自然科学名词审定委员会”改为“全国科学技术名词审定委员会”，是为了响应科教兴国战略，促进我国由科技大国向科技强国迈进，而将工作范围由自然科学技术领域扩展到工程技术、人文社会科学等领域。科学技术发展到今天，信息技术和互联网技术在不断突进，前沿科技在不断取得突破，新的科学领域在不断产生，新概念、新名词在不断涌现，科技名词规范工作仍然任重道远。

110 年的科技名词规范工作，在推动我国科技发展的同时，也在促进我国科学文化的传承。科技名词承载着科学和文化，一个学科的名词，能够勾勒出学科的面貌、历史、现状和发展趋势。我们不断地对学科名词进行审定、公布、入库，形成规模并提供使用，从这个角度来看，这项工作又有几分盛世修典的意味，可谓“功在当代，利在千秋”。

在党和国家重视下，我们依靠数千位专家学者，已经审定公布了 65 个学科领域的近 50 万条科技名词，基本建成了科技名词体系，推动了科技名词规范化事业协调可持续发展。同时，在全国科学技术名词审定委员会的组织和推动下，海峡两岸科技名词的交流对照统一工作也取得了显著成果。两岸专家已在 30 多个学科领域开展了名词交流对照活动，出版了 20 多种两岸科学名词对照本和多部工具书，为两岸和平发展作出了贡献。

作为全国科学技术名词审定委员会现任主任委员，我要感谢历届委员会所付出的努力。同时，我也深感责任重大。

十九大的胜利召开具有划时代意义，标志着我们进入了新时代。新时代，创新成为引领发展的第一动力。习近平总书记在十九大报告中，从战略高度强调了创新，指出创新是建设现代化经济体系的战略支撑，创新处于国家发展全局的核心位置。在深入实施创新驱动发展战略中，科技名词规范工作是其基本组成部分，因为科技的交流与传播、知识的协同与管理、信息的传输与共享，都需要一个基于科学的、规范统一的科技名词体系和科技名词服务平台作为支撑。

我们要把握好新时代的战略定位，适应新时代新形势的要求，加强与科技的协同发展。一方面，要继续发扬科学民主、严谨求实的精神，保证审定公布成果的权威性和规范性。科技名词审定是一项既具规范性又有研究性，既具协调性又有长期性的综合性工作。在长期的科技名词审定工作实践中，全国科学技术名词审定委员会积累了丰富的经验，形成了一套完整的组织和审定流程。这一流程，有利于确立公布名词的权威性，有利于保证公布名词的规范性。但是，我们仍然要创新审定机制，高质高效地完成科技名词审定公布任务。另一方面，在做好科技名词审定公布工作的同时，我们要瞄准世界科技前沿，服务于前瞻性基础研究。习总书记在报告中特别提到“中国天眼”、“悟空号”暗物质粒子探测卫星、“墨子号”量子科学实验卫星、天宫二号和“蛟龙号”载人潜水器等重大科技成果，这些都是随着我国科技发展诞生的新概念、新名词，是科技名词规范工作需要关注的热点。围绕新时代中国特色社会主义发展的重大课题，服务于前瞻性基础研究、新的科学领域、新的科学理论体系，应该是新时代科技名词规范工作所关注的重点。

未来，我们要大力提升服务能力，为科技创新提供坚强有力的基础保障。全国科学技术名词审定委员会第七届委员会成立以来，在创新科学传播模式、推动成果转化应用等方面作了很多努力。例如，及时为 113 号、115 号、117 号、118 号元素确定中文名称，联合中国科学院、国家语言文字工作委员会召开四个新元素中文名称发布会，与媒体合作开展推广普及，引起社会关注。利用大数据统计、机器学习、自然语言处理等技术，开发面向全球华语圈的术语知识服务平台和基于用户实际需求的应用软件，受到使用者的好评。今后，全国科学技术名词审定委员会还要进一步加强战略前瞻，积极应对信息技术与经济社会交汇融合的趋势，探索知识服务、成果转化的新模式、新手段，从支撑创新发展战略的高度，提升服务能力，切实发挥科技名词规范工作的价值和作用。

使命呼唤担当，使命引领未来，新时代赋予我们新使命。全国科学技术名词审定委员会只有准确把握科技名词规范工作的战略定位，创新思路，扎实推进，才能在新时代有所作为。

是为序。

白春礼

2018 年春

路甬祥序

我国是一个人口众多、历史悠久的文明古国，自古以来就十分重视语言文字的统一，主张“书同文、车同轨”，把语言文字的统一作为民族团结、国家统一和强盛的重要基础和象征。我国古代科学技术十分发达，以四大发明为代表的古代文明，曾使我国居于世界之巅，成为世界科技发展史上的光辉篇章。而伴随科学技术产生、传播的科技名词，从古代起就已成为中华文化的重要组成部分，在促进国家科技进步、社会发展和维护国家统一方面发挥着重要作用。

我国的科技名词规范统一活动有着十分悠久的历史。古代科学著作记载的大量科技名词术语，标志着我国古代科技之发达及科技名词之活跃与丰富。然而，建立正式的名词审定组织机构则是在清朝末年。1909 年，我国成立了科学名词编订馆，专门从事科学名词的审定、规范工作。到了新中国成立之后，由于国家的高度重视，这项工作得以更加系统地、大规模地开展。1950 年政务院设立的学术名词统一工作委员会，以及 1985 年国务院批准成立的全国自然科学名词审定委员会（现更名为全国科学技术名词审定委员会，简称全国科技名词委），都是政府授权代表国家审定和公布规范科技名词的权威性机构和专业队伍。他们肩负着国家和民族赋予的光荣使命，秉承着振兴中华的神圣职责，为科技名词规范统一事业默默耕耘，为我国科学技术的发展做出了基础性的贡献。

规范和统一科技名词，不仅在消除社会上的名词混乱现象，保障民族语言的纯洁与健康发展等方面极为重要，而且在保障和促进科技进步，支撑学科发展方面也具有重要意义。一个学科的名词术语的准确定名及推广，对这个学科的建立与发展极为重要。任何一门科学（或学科），都必须有自己的一套系统完善的名词来支撑，否则这门学科就立不起来，就不能成为独立的学科。郭沫若先生曾将科技名词的规范与统一称为“乃是一个独立自主国家在学术工作上所必须具备的条件，也是实现学术中国化的最起码的条件”，精辟地指出了这项基础性、支撑性工作的本质。

在长期的社会实践中，人们认识到科技名词的规范和统一工作对于一个国家的科技发展和文化传承非常重要，是实现科技现代化的一项支撑性的系统工程。没有这样一个系统的规范化的支撑条件，不仅现代科技的协调发展将遇到极大困难，而且在科技日益渗透人们生活各方面、各环节的今天，还将给教育、传播、交流、经贸等多方面带来困难和损害。

全国科技名词委自成立以来，已走过近20年的历程，前两任主任钱三强院士和卢嘉锡院士为我国的科技名词统一事业倾注了大量的心血和精力，在他们的正确领导和广大专家的共同努力下，取得了卓著的成就。2002年，我接任此工作，时逢国家科技、经济飞速发展之际，因而倍感责任的重大；及至今日，全国科技名词委已组建了60个学科名词审定分委员会，公布了50多个学科的63种科技名词，在自然科学、工程技术与社会科学方面均取得了协调发展，科技名词蔚成体系。而且，海峡两岸科技名词对照统一工作也取得了可喜的成绩。对此，我实感欣慰。这些成就无不凝聚着专家学者们的心血与汗水，无不闪烁着专家学者们的集体智慧。历史将会永远铭刻着广大专家学者孜孜以求、精益求精的艰辛劳作和为祖国科技发展做出的奠基性贡献。宋健院士曾在1990年全国科技名词委的大会上说过："历史将表明，这个委员会的工作将对中华民族的进步起到奠基性的推动作用。"这个预见性的评价是毫不为过的。

科技名词的规范和统一工作不仅仅是科技发展的基础，也是现代社会信息交流、教育和科学普及的基础，因此，它是一项具有广泛社会意义的建设工作。当今，我国的科学技术已取得突飞猛进的发展，许多学科领域已接近或达到国际前沿水平。与此同时，自然科学、工程技术与社会科学之间交叉融合的趋势越来越显著，科学技术迅速普及到了社会各个层面，科学技术同社会进步、经济发展已紧密地融为一体，并带动着各项事业的发展。所以，不仅科学技术发展本身产生的许多新概念、新名词需要规范和统一，而且由于科学技术的社会化，社会各领域也需要科技名词有一个更好的规范。另一方面，随着香港、澳门的回归，海峡两岸科技、文化、经贸交流不断扩大，祖国实现完全统一更加迫近，两岸科技名词对照统一任务也十分迫切。因而，我们的名词工作不仅对科技发展具有重要的价值和意义，而且在经济发展、社会进步、政治稳定、民族团结、国家统一和繁荣等方面都具有不可替代的特殊价值和意义。

最近，中央提出树立和落实科学发展观，这对科技名词工作提出了更高的要求。我们要按照科学发展观的要求，求真务实，开拓创新。科学发展观的本质与核心是以人为本，我们要建设一支优秀的名词工作队伍，既要保持和发扬老一辈科技名词工作者的优良传统，坚持真理、实事求是、甘于寂寞、淡泊名利，又要根据新形势的要求，面向未来、协调发展、与时俱进、锐意创新。此外，我们要充分利用网络等现代科技手段，使规范科技名词得到更好的传播和应用，为迅速提高全民文化素质做出更大贡献。科学发展观的基本要求是坚持以人为本，全面、协调、可持续发展，因此，科技名词工作既要紧密围绕当前国民经济建设形势，着重开展好科技领域的学科名词审定工作，同时又要在强调经济社会以及人与自然协调发展的思想指导下，开展好社会科学、文化教育和资源、生态、环境领域的科学名词审定工作，促进各个学科领域的相互融合和共同繁荣。科学发展观非常注重可持续发展的理念，因此，我们在不断丰富和发展已建立的科技名词体系的同时，还要进一步研究具有中国特色的术语学理论，以创建中国的术语学派。研究和建立中国特色的术语学理论，也是一种知识创新，是实现科技名词工作可持续发展的必由之路，我们应当为此付出更大的努力。

当前国际社会已处于以知识经济为走向的全球经济时代，科学技术发展的步伐将会越来越快。我国已加入世贸组织，我国的经济也正在迅速融入世界经济主流，因而国内外科技、文化、经贸的交流将越来越广泛和深入。可以预言，21 世纪中国的经济和中国的语言文字都将对国际社会产生空前的影响。因此，在今后 10 到 20 年之间，科技名词工作就变得更具现实意义，也更加迫切。“路漫漫其修远兮，吾今上下而求索”，我们应当在今后的工作中，进一步解放思想，务实创新、不断前进。不仅要及时地总结这些年来取得的工作经验，更要从本质上认识这项工作的内在规律，不断地开创科技名词统一工作新局面，做出我们这代人应当做出的历史性贡献。

路甬祥

2004 年深秋

卢嘉锡序

科技名词伴随科学技术而生，犹如人之诞生其名也随之产生一样。科技名词反映着科学研究的成果，带有时代的信息，铭刻着文化观念，是人类科学知识在语言中的结晶。作为科技交流和知识传播的载体，科技名词在科技发展和社会进步中起着重要作用。

在长期的社会实践中，人们认识到科技名词的统一和规范化是一个国家和民族发展科学技术的重要的基础性工作，是实现科技现代化的一项支撑性的系统工程。没有这样一个系统的规范化的支撑条件，科学技术的协调发展将遇到极大的困难。试想，假如在天文学领域没有关于各类天体的统一命名，那么，人们在浩瀚的宇宙当中，看到的只能是无序的混乱，很难找到科学的规律。如是，天文学就很难发展。其他学科也是这样。

古往今来，名词工作一直受到人们的重视。严济慈先生 60 多年前说过，“凡百工作，首重定名；每举其名，即知其事”。这句话反映了我国学术界长期以来对名词统一工作的认识和做法。古代的孔子曾说“名不正则言不顺”，指出了名实相副的必要性。荀子也曾说“名有固善，径易而不拂，谓之善名”，意为名有完善之名，平易好懂而不被人误解之名，可以说是好名。他的“正名篇”即是专门论述名词术语命名问题的。近代的严复则有“一名之立，旬月踟躇”之说。可见在这些有学问的人眼里，“定名”不是一件随便的事情。任何一门科学都包含很多事实、思想和专业名词，科学思想是由科学事实和专业名词构成的。如果表达科学思想的专业名词不正确，那么科学事实也就难以令人相信了。

科技名词的统一和规范化标志着一个国家科技发展的水平。我国历来重视名词的统一与规范工作。从清朝末年的科学名词编订馆，到 1932 年成立的国立编译馆，以及新中国成立之初的学术名词统一工作委员会，直至 1985 年成立的全国自然科学名词审定委员会（现已更名为全国科学技术名词审定委员会，简称全国科技名词委），其使命和职责都是相同的，都是审定和公布规范名词的权威性机构。现在，参与全国科技名词委领导工作的单位有中国科学院、科学技术部、教育部、中国科学技术协会、国家自然科学基金委员会、新闻出版署、国家质量技术监督局、国家广播电影电视总局、国家知识产权局和国家语言文字工作委员会，这些部委各自选派了有关领导干部担任全国科技名词委的领导，有力地推动科技名词的统一和推广应用工作。

全国科技名词委成立以后，我国的科技名词统一工作进入了一个新的阶段。在第一任主任委员钱三强同志的组织带领下，经过广大专家的艰苦努力，名词规范和统一工作取得了显著的成绩。1992 年三强同志不幸谢世。我接任后，继续推动和开展这项工作。在国家和有关部门的支持及广大专家学者的努力下，全国科技名词委 15 年来按学科共组建了 50 多个学科的名词审定分委员会，有 1800 多位专家、学者参加名词审定工作，还有更多的专家、学者参加书面审查和座谈讨论等，形成的科技名词工作队伍规模之大、水平层次之高前所未有。15 年间共审定公布了包括理、工、农、医及交叉学科等各学科领域的名词共计 50 多种。而且，对名词加注定义的工作经试点后业已逐渐展开。另外，遵照术语学理论，根据汉语汉字特点，结合科技名词审定工作实践，全国科技名词委制定并逐步完善了一套名词审定工作的原则与方法。可以说，在 20 世纪的最后 15 年中，我国基本上建立起了比较完整的科技名词体系，为我国科技名词的规范和统一奠定了良好的基础，对我国科研、教学和学术交流起到了很好的作用。

在科技名词审定工作中，全国科技名词委密切结合科技发展和国民经济建设的需要，及时调整工作方针和任务，拓展新的学科领域开展名词审定工作，以更好地为社会服务、为国民经济建设服务。近些年来，又对科技新词的定名和海峡两岸科技名词对照统一工作给予了特别的重视。科技新词的审定和发布试用工作已取得了初步成效，显示了名词统一工作的活力，跟上了科技发展的步伐，起到了引导社会的作用。两岸科技名词对照统一工作是一项有利于祖国统一大业的基础性工作。全国科技名词委作为我国专门从事科技名词统一的机构，始终把此项工作视为自己责无旁贷的历史性任务。通过这些年的积极努力，我们已经取得了可喜的成绩。做好这项工作，必将对弘扬民族文化，促进两岸科教、文化、经贸的交流与发展做出历史性的贡献。

科技名词浩如烟海，门类繁多，规范和统一科技名词是一项相当繁重而复杂的长期工作。在科技名词审定工作中既要注意同国际上的名词命名原则与方法相衔接，又要依据和发挥博大精深的汉语文化，按照科技的概念和内涵，创造和规范出符合科技规律和汉语文字结构特点的科技名词。因而，这又是一项艰苦细致的工作。广大专家学者字斟句酌，精益求精，以高度的社会责任感和敬业精神投身于这项事业。可以说，全国科技名词委公布的名词是广大专家学者心血的结晶。这里，我代表全国科技名词委，向所有参与这项工作的专家学者们致以崇高的敬意和衷心的感谢!

审定和统一科技名词是为了推广应用。要使全国科技名词委众多专家多年的劳动成果——规范名词，成为社会各界及每位公民自觉遵守的规范，需要全社会的理解和支持。国务院和4个有关部委（国家科委、中国科学院、国家教委和新闻出版署）已分别于1987年和1990年行文全国，要求全国各科研、教学、生产、经营以及新闻出版等单位遵照使用全国科技名词委审定公布的名词。希望社会各界自觉认真地执行，共同做好这项对于科技发展、社会进步和国家统一极为重要的基础工作，为振兴中华而努力。

值此全国科技名词委成立15周年、科技名词书改装之际，写了以上这些话。是为序。

卢嘉锡

2000年夏

钱三强序

科技名词术语是科学概念的语言符号。人类在推动科学技术向前发展的历史长河中，同时产生和发展了各种科技名词术语，作为思想和认识交流的工具，进而推动科学技术的发展。

我国是一个历史悠久的文明古国，在科技史上谱写过光辉篇章。中国科技名词术语，以汉语为主导，经过了几千年的演化和发展，在语言形式和结构上体现了我国语言文字的特点和规律，简明扼要，蓄意深切。我国古代的科学著作，如已被译为英、德、法、俄、日等文字的《本草纲目》《天工开物》等，包含大量科技名词术语。从元、明以后，开始翻译西方科技著作，创译了大批科技名词术语，为传播科学知识，发展我国的科学技术起到了积极作用。

统一科技名词术语是一个国家发展科学技术所必须具备的基础条件之一。世界经济发达国家都十分关心和重视科技名词术语的统一。我国早在 1909 年就成立了科学名词编订馆，后又于 1919 年由中国科学社成立了科学名词审定委员会，1928 年由大学院成立了译名统一委员会。1932 年成立了国立编译馆，在当时教育部主持下先后拟订和审查了各学科的名词草案。

新中国成立后，国家决定在政务院文化教育委员会下，设立学术名词统一工作委员会，郭沫若任主任委员。委员会分设自然科学、社会科学、医药卫生、艺术科学和时事名词五大组，聘任了各专业著名科学家、专家，审定和出版了一批科学名词，为新中国成立后的科学技术的交流和发展起到了重要作用。后来，由于历史的原因，这一重要工作陷于停顿。

当今，世界科学技术迅速发展，新学科、新概念、新理论、新方法不断涌现，相应地出现了大批新的科技名词术语。统一科技名词术语，对科学知识的传播，新学科的开拓，新理论的建立，国内外科技交流，学科和行业之间的沟通，科技成果的推广、应用和生产技术的发展，科技图书文献的编纂、出版和检索，科技情报的传递等方面，都是不可缺少的。特别是计算机技术的推广使用，对统一科技名词术语提出了更紧迫的要求。

为适应这种新形势的需要，经国务院批准，1985 年 4 月正式成立了全国自然科学名词审定委员会。委员会的任务是确定工作方针，拟定科技名词术语审定工作计划、实施方案和步骤，组织审定自然科学各学科名词术语，并予以公布。根据国务院授权，委员会审定公布的名词术语，科研、教学、生产、经营以及新闻出版等各部门，均应遵照使用。

全国自然科学名词审定委员会由中国科学院、国家科学技术委员会、国家教育委员会、中国科学技术协会、国家技术监督局、国家新闻出版署、国家自然科学基金委员会分别委派了正、副主任担任领导工作。在中国科协各专业学会密切配合下，逐步建立各专业审定分委员会，并已建立起一支由各学科著名专家、学者组成的近千人的审定队伍，负责审定本学科的名词术语。我国的名词审定工作进入了一个新的阶段。

这次名词术语审定工作是对科学概念进行汉语订名，同时附以相应的英文名称，既有我国语言特色，又方便国内外科技交流。通过实践，初步摸索了具有我国特色的科技名词术语审定的原则与方法，以及名词术语的学科分类、相关概念等问题，并开始探讨当代术语学的理论和方法，以期逐步建立起符合我国语言规律的自然科学名词术语体系。

统一我国的科技名词术语，是一项繁重的任务，它既是一项专业性很强的学术性工作，又涉及到亿万人使用习惯的问题。审定工作中我们要认真处理好科学性、系统性和通俗性之间的关系；主科与副科间的关系；学科间交叉名词术语的协调一致；专家集中审定与广泛听取意见等问题。

汉语是世界五分之一人口使用的语言，也是联合国的工作语言之一。除我国外，世界上还有一些国家和地区使用汉语，或使用与汉语关系密切的语言。做好我国的科技名词术语统一工作，为今后对外科技交流创造了更好的条件，使我炎黄子孙，在世界科技进步中发挥更大的作用，做出重要的贡献。

统一我国科技名词术语需要较长的时间和过程，随着科学技术的不断发展，科技名词术语的审定工作，需要不断地发展、补充和完善。我们将本着实事求是的原则，严谨的科学态度做好审定工作，成熟一批公布一批，提供各界使用。我们特别希望得到科技界、教育界、经济界、文化界、新闻出版界等各方面同志的关心、支持和帮助，共同为早日实现我国科技名词术语的统一和规范化而努力。

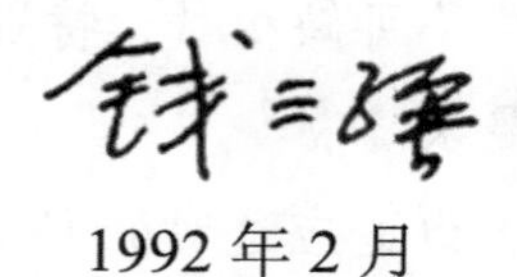

1992年2月

前　言

“化工”一词是化学工程和化学工业的简称，其中化学工程作为国家一级学科，是研究化学工业和其他过程工业生产中所进行的化学过程和物理过程共同规律的一门工程科学，也是化学工业的核心支撑学科；而化学工业涉及石油炼制、基本有机化工、无机化工与化肥、高分子化工、生物化工、精细化工等众多生产专业领域，以及公用工程、环保安全、工程设计与施工等诸多辅助专业。

化学工业属于流程性制造行业，能利用自然界存在的水、空气，以及煤、盐、石油与天然气等矿产资源作为原料，利用化学反应及物理加工过程改变物质的分子结构、成分和形态，经济地、大规模地制造提供人类生活所需要而自然界又不存在的交通运输燃料、合成材料、化肥和各种化学品，包括汽柴油与喷气燃料、合成树脂、合成橡胶、合成纤维、无机酸碱盐、药品等重要物资。

自 1995 年全国科学技术名词审定委员会公布《化学工程名词》以来，至今已过去 20 余年。这期间，化工领域页岩气、致密油等新原料、甲醇制烯烃（MTO）等新工艺、高端石化新产品以及新学科、新概念、新理论、新方法不断涌现，包括石油炼制、石油化工在内的我国化工产业取得了巨大的发展成就。通过科技创新，突破了一大批制约行业发展的核心关键技术；化学工程学科本身发展十分迅速，在过程强化、离子液体、微反应工程、产品工程、介尺寸流动等诸多方面取得了新进展，孕育出一些重要的新型分支学科。与此相关联，涌现出一大批新的化工科学技术名词。因此，对《化学工程名词》进行扩充、修订以及增加名词定义十分必要，这对于生产、科研、教学，以及实施“走出去”战略，加强国内外学术交流和知识传播，促进科学技术和经济建设的发展，具有十分重要的意义。

受全国科学技术名词审定委员会委托，中国化工学会于 2013 年 7 月 17 日启动了《化工名词》的审定工作，按照《化工名词》的学科（专业）框架，组建了化工名词审定委员会并相继组建了包括安全·环保·可持续发展名词审定分委员会在内的 11 个分委员会。

首版《化工名词》具有三大特色，一是名词均加注有简洁的定义或释义；二是名词收词范围从化学工程学科扩展到化学工业；三是确定化学工业为大化工范畴，包含石油炼制、石油化工和传统化工等 11 个不同的化工专业及辅助专业领域。

安全·环保·可持续发展名词审定分委员会主任委员由原国家安全生产监督管理总局总工程师王浩水担任，来自中国石油化工集团有限公司能源管理与环境保护部、中国石油化工集团有限公司安全监管局、中国石化青岛安全工程研究院、中国石化北京化工研究院、中国石化大连（抚顺）石油化工研究院、常州大学、华东理工大学、中国石油化工股份有限公司北京燕山分公司、中国石油化工股份有限公司广州分公司、中国石油化工股份有限公司齐鲁分公司、中国石油化工股份有限公司金陵分公司、中国石化扬子石油化工有限公司、中国石油化工股份有限公司洛阳分公司等研究院所、高校和企业的专家担任委员；分委员会下设秘书处，由中国石化出版社有限公司有关人员组成。

2013 年 8 月 22 日，安全·环保·可持续发展名词审定分委员会接受任务并开展实质性工作。安全·环保·可持续发展名词属于新增的一类名词，此项工作具有开创性。鉴于此，在正式收录相关名词前，中国石化出版社有限公司邀请中国石油化工集团有限公司安全监管局和中国石化青岛安全工程研究院、中国石化北京化工研究院、中国石化大连（抚顺）石油化工研究院三家院所等的编写专家组织召开了安全·环保·可持续发展名词审定研讨会，对编写大纲进行了初步确定。

随后，依据中国化工学会 2013 年 10 月 16 日在中国石化北京化工研究院召开的化工名词词条协调会议，安全·环保·可持续发展名词审定分委员会将安全·环保·可持续发展名词编写大纲进行了调整，分为“通类”“炼油与化工企业健康-安全-环境管理”“危险化学品与相关管理法规”“可持续发展”四部分，并细化到第四级目录。依据此目录，上述三家编写单位根据大纲分工对词条进行了编写，合计 2562 条。该词条经中国化工学会组织查重后，由相关专家对词条进行了首轮调整，调整后为 1712 条。

2014 年 12 月 3 日，中国石化出版社有限公司在北京组织召开了安全·环保·可持续发展名词词条审定会议，对 1712 条词条进行了审定。根据审定意见，专家对词条进行了第二轮调整，调整后的 1234 条词条于 2015 年 5 月提交中国化工学会进行第二次查重。根据查重结果，词条调整为 1212 条，包括“通类”173 条，“炼油与化工企业健康-安全-环境管理”870 条，“危险化学品与相关管理法规”132 条，“可持续发展”37 条。该 1212 条词条依据“化工名词编号的暂定规则”进行了编号，各单位按分工组织专家进行词条对应英文名称及词条内容中文定义的编写。

2015 年 12 月 15 日，安全·环保·可持续发展名词词条释义审定会在北京召开，会上对 1212 个词条定义进行了审定。此次会议有 19 位专家参加，分为安全组和环保组两个组来审定。会议采取专家通读与重点分工审阅相结合、独立阅改与集中审议讨论相结合的模式。专家按其所擅长的专业领域（通类、炼油与化工企业健康-安全-环境管理、危险化学品与相关管理法规、可持续发展）分工负责审阅名词，对每个词条的中文定义、英文名称进行了认真推敲和修改；同时，对如何根据自查重和大库查重结果来处理已有名词确定了原则意见。会后再次组织有关专家对少部分需继续修改或争议较大未能形成一致意见的名词提出修改建议，并请两位资深专家做了通稿修改。

2016 年 4 月，安全·环保·可持续发展名词审定分委员完成了稿件修改、统稿工作，最终形成词条 900 条，提交中国化工学会。

在六年多的名词审定工作中，中国石化出版社有限公司积极组织协调，得到中国石油化工集团有限公司安全监管局、能源管理与环境保护部以及中国石化有关研究院所、生产企业、高等院校专家的大力支持，中国化工学会、各分委员会、全国化工界同仁以及有关专家学者都给予了热情的支持与帮助，谨此表示衷心的感谢。名词审定是一项浩瀚的基础性工作，不可避免地存在不足，同时，现在公布的名词与定义只能反映当前的学术水平，随着科学技术的发展。还将适时修订，希望大家对名词审定工作继续给予关心和支持，对其中存在的问题不吝继续提出宝贵的意见，以便今后修订时参考，使之更加完善。

化工名词审定委员会

2020 年 6 月

编排说明

一、本书公布的是化工名词（四）——安全·环保·可持续发展分册名词，共900条，每条名词均给出了定义或注释。

二、全书分4部分：通类、炼油与化工企业健康-安全-环境管理、危险化学品与相关管理法规、可持续发展。

三、正文按汉文名所属学科的相关概念体系排列。汉文名后给出了与该词概念相对应的英文名。

四、每个汉文名都附有相应的定义或注释。定义一般只给出其基本内涵，注释则扼要说明其特点。当一个汉文名有不同的概念时，则用(1)、(2)……表示。

五、一个汉文名对应几个英文同义词时，英文词之间用“,”分开。

六、凡英文词的首字母大、小写均可时，一律小写；英文除必须用复数者，一般用单数形式。

七、“[　]”中的字为可省略的部分。

八、主要异名和释文中的条目用楷体表示。“全称”“简称”是与正名等效使用的名词；“又称”为非推荐名，只在一定范围内使用；“俗称”为非学术用语；“曾称”为已淘汰的旧名。

九、本书所有涉及国家标准的内容默认均以当下最新版本为准，故在编排上省略了年份。

十、正文后所附的英汉索引按英文字母顺序排列；汉英索引按汉语拼音顺序排列。所示号码为该词在正文中的序码。索引中带“*”者为规范名的异名或在释文中出现的条目。

目　录

01. 通　类

01.001　安全生产　safety production

采取行政的、法律的、经济的、科学技术的多方面措施，预知和消除或控制生产活动过程中的危险，减少和防止事故的发生，实现生产活动过程的正常运转，避免经济损失和人员伤亡。

01.002　职业安全　occupational safety

为防止职工在职业活动过程中发生各种伤亡事故，在法律、技术、设备、组织制度和教育等方面所采取的相应措施。

01.003　劳动保护　labour protection

依靠科学技术和管理，采取技术措施和管理措施，消除生产过程中危及人身安全和健康的不良环境、不安全设备和设施、不安全环境、不安全场所和不安全行为，防止伤亡事故和职业危害，保障劳动者在生产过程中的安全与健康。

01.004　安全科学　safety science

人类在生产、生活、生存过程中，避免和控制人为技术、自然因素或人为-自然因素所带来的危险、危害、意外事故和灾害的知识体系。

01.005　安全技术　safety technology

人类在生产、生活、生存过程中为防止各种伤害，以及火灾、爆炸等事故，为职工提供安全、良好的劳动条件而采取的各种技术措施。

01.006　安全系统工程　safety system engineering

采用系统工程的原理和方法，识别、分析和评价系统中的危险并根据其结果调整工艺、设备、操作、管理、生存周期和投资费用等因素，使系统所存在的危险因素能得到消除或控制，使事故的发生减小到最低程度，从而达到最佳安全状态。

01.007　过程安全管理　process safety management，PSM

对各类生产等过程风险进行识别、评估和处理，避免由过程操作与设备造成安全事故的一套管理体系。

01.008　本质安全　inherent safety

使生产设备或生产系统本身具有安全性，即使在误操作或发生故障的情况下也不会造成事故的功能。

01.009　安全认证　safety certification

由第三方证实产品或服务符合特定安全标准或规范性文件的活动。

01.010　作业许可　permit to work

对生产过程中非常规作业和关键作业事先开展危害识别，制定相应的控制措施，提出作业申请，验证作业安全措施，并最终获得作业批准的过程。

01.011　三同时　three-simultaneousness

生产经营单位新建、改建、扩建项目的安全、健康和环保设施，必须与主体工程同时设计、同时建设、同时投入生产和使用。

01.012　安全投入　safety investment

在安全实施与管理过程中的一切人力、物力、财力以及信息投入的总和。

01.013　安全成本　safety cost

实现安全所消耗的人力、物力和财力的总和。是衡量安全活动消耗的重要尺度。

01.014　安全标准化　safety standardization

为使安全生产活动获得最佳秩序，保证安全管理及生产条件达到法律、行政法规、部门规章和标准等要求而制定的规则。

01.015 职业健康安全管理体系 occupational health and safety management system

组织管理体系的一部分。用于指定和实施组织的职业健康安全方针并管理其职业健康安全风险。

01.016 安全绩效 safety performance

基于安全生产方针和目标，控制和消除风险取得的可测量结果。

01.017 安全生产责任制 safety production responsibility system

生产经营单位各级领导、各职能部门、管理人员及各生产岗位的安全生产责任权利和义务等制度。

01.018 相关方 interested party

与组织安全、环境和健康绩效有关或受其影响的个人或团体。

01.019 风险 risk

某一特定危险情况发生的可能性与后果的组合。

01.020 隐患 accident potential

在生产经营活动中存在可能导致事故发生或事故后果扩大的物的不安全状态、人的不安全行为和管理上的缺陷。

01.021 重大事故隐患 major accident potential

可能造成人员死亡、多人受伤或较大财产损失的隐患。

01.022 危险源 hazard

可能导致人身伤害、财产损失和环境破坏的根源、状态、行为或其组合。

01.023 重大危险源 major hazard installation

长期地或临时地生产、搬运、使用或储存危险物品，且危险物品的数量等于或超过临界量的单元（包括场所和设施）。

01.024 危害辨识 hazard identification

通过询问、交谈、现场观察、安全检查表、预先危险分析、危险与可操作性研究等方法识别安全、健康与环境危害的存在并确定其特性的过程。

01.025 风险评估 risk assessment

依据专业经验和评价标准对分析得到的危害结果进行评价，分析其发生危险的可能性及其严重程度，确定危害结果的风险，并将此与风险准则相比，以决定风险的大小是否可接受或容忍的过程。

01.026 可接受风险 acceptable risk

根据组织法律义务和安全、健康与环境方针，已被组织降至可容许程度的风险。

01.027 审核 audit

为获得“审核证据”并对其进行客观的评价，以确定满足“审核准则”的程度所进行的系统的、独立的并形成文件的工作。

01.028 管理评审 management review

为确定主题事项达到规定目标的适宜性、充分性和有效性所进行的活动。

01.029 健康-安全-环境管理体系 health, safety and environment management system

又称“HSE 管理体系（HSE management system）”。实施健康、安全、环境管理的组织机构、职责、做法、程序、过程和资源等构成的整体。

01.030 健康-安全-环境方针 health, safety and environment policy

最高管理者就组织的健康、安全、环境绩效正式表达的总体意图和方向。

01.031 健康-安全-环境目标 health, safety and environment objective

组织在健康、安全、环境绩效方面所要达到的目的。

01.032　安全承诺　safety commitment
在关注安全和追求安全绩效方面，由企业代表全体员工公开做出的具有稳定意愿及实践行动的明确表示。

01.033　健康–安全–环境职责　health，safety and environment responsibility
任职者为履行一定的组织职能或完成工作使命，所负责的健康、安全、环境管理范围和承担的一系列工作任务，以及完成这些工作任务所需承担的相应责任。

01.034　健康–安全–环境观察　health，safety and environment observation
员工在日常工作中有意识地关注人员行为、作业环境及设施，对安全行为进行鼓励，对发现可能导致事故的不安全状态和不安全行为进行阻止或处理。是员工主动关注团队安全的表现，可通过统计分析观察结果，改进健康、安全、环境管理。

01.035　健康–安全–环境绩效考核　appraisal of health，safety and environment management performance
企业为了实现安全生产，运用健康、安全、环境管理体系标准和指标，对负责生产经营过程及结果的各级人员进行的考核。

01.036　持续改进　continuous improvement
使满足要求的能力持续提升的循环活动。

01.037　健康–安全–环境监理　health，safety and environment supervision
由第三方或业主组建的团队，按照法律法规在健康、安全、环境方面对施工或作业活动进行监督和管理。

01.038　三查四定　three level checking and four level verifying
特指石油化工等行业在工程中间交接前查设计漏项、查工程质量及隐患、查未完成工程量，对查出的问题定任务、定人员、定时间、定措施，限期完成。

01.039　安全生产禁令　safety production ban
为规范安全生产工作、禁止某些行为而制定的制度。

01.040　不安全因素　unsafe factor
导致人身死亡、受伤、患职业病和物质损坏的因素。

01.041　危险有害因素　hazardous and harmful factor
能对人造成伤亡或影响人的身体健康，甚至导致疾病的因素。

01.042　不安全行为　unsafe behavior
生产活动中可能造成事故的人为错误。

01.043　不安全状态　unsafe condition
生产活动中可能导致事故的物质条件。

01.044　安全评价　safety assessment
应用系统工程的原理和方法，对被评价单元中存在的可能引发事故或职业危害的因素进行辨识与分析，判断其发生的可能性及严重程度，提出危险防范措施，改善安全管理状况，从而实现被评价单元的整体安全。

01.045　安全预评价　safety pre-assessment
在建设项目可行性研究阶段、工业园区规划阶段或生产经营活动组织实施之前，根据相关的基础资料，辨识与分析建设项目、工业园区、生产经营活动潜在的危险、有害因素，确定其与安全生产法律法规、规章、标准、规范的符合性，预测发生事故的可能性及其严重程度，提出科学、合理、可行的安全对策措施建议，做出安全评价结论的活动。

01.046　安全验收评价　safety evaluation upon completion
在建设项目竣工后正式生产运行前或工业

园区建设完成后，通过检查建设项目安全设施与主体工程同时设计、同时施工、同时投入生产和使用的情况或工业园区内的安全设施、设备、装置投入生产和使用的情况，检查安全生产管理措施到位情况，检查安全生产规章制度健全情况，检查事故应急救援预案建立情况，审查确定建设项目、工业园区建设与安全生产法律法规、规章、标准、规范要求的符合性，从整体上确定建设项目、工业园区的运行状况和安全管理情况，做出安全评价结论的活动。

01.047　安全现状评价　safety evaluation in operation

针对生产经营活动中工业园区内的事故风险、安全管理等情况，辨识与分析其存在的危险、有害因素，审查确定其与安全生产法律法规、规章、标准、规范要求的符合性，预测发生事故或造成职业危害的可能性及其严重程度，提出科学、合理、可行的安全对策及措施建议，做出安全评价结论的活动。

01.048　应急管理　emergency management

企业在突发事件的事前预防、事发应对、事中处置和善后恢复过程中，通过建立必要的应对机制，采取一系列必要措施，应用科学、技术、规划与管理等手段，保障员工生命、健康和财产安全的有关活动。

01.049　应急管理体系　emergency management system

企业处理紧急事务或突发事件的行政职能及其载体系统。是企业应急管理的职能与机构之和。

01.050　危险化学品　hazardous chemicals

具有毒害、腐蚀、爆炸、燃烧、助燃等性质，对人体、设施、环境具有危害的化学品。

01.051　安全标志　safety sign

表达特定安全信息的标志。由图形符号、安全色、几何形状（边框）或文字构成。

01.052　安全色　safety colour

传递安全信息含义的颜色。包括红、蓝、黄、绿四种颜色。

01.053　化学品安全技术说明书　material safety data sheet，MSDS

关于危险化学品燃爆、毒性和环境危害以及安全使用、泄漏应急处置、主要理化参数、法律法规等方面信息的综合性文件。

01.054　职业卫生　occupational health

对工作场所内产生或存在的职业性有害因素及其健康损害进行识别、评估、预测和控制的一门学科。目的是预防和保护劳动者免受职业性有害因素所致的健康影响和危险，使工作适应劳动者，促进和保障劳动者在职业活动中的身心健康和社会福利。

01.055　职业卫生标准　occupational health standard

为实施职业病防治法律法规和有关政策，保护劳动者健康，预防、控制和消除职业危害，防治职业病，由法律授权部门制定、在全国范围内统一实施的技术要求。

01.056　职业危害　occupational hazard

对从事职业活动的劳动者可能产生的与工作有关的疾病、职业病和伤害。

01.057　职业性有害因素　occupational hazard factor

又称“职业病危害因素”。在职业活动中产生和（或）存在的，可能对职业人群健康、安全和作业能力造成不良影响的因素或条件。包括化学、物理、生物等因素。

01.058　职业病　occupational disease

企业、事业单位和个体经济组织的劳动者在职业活动中，因接触粉尘、放射性物质和其他有毒、有害物质、物理因素等而引起的疾病。各国法律都有关于职业病预防方面的规定，一般来说，只有符合法律规定的疾病才能称为职业病。

01.059 职业健康监护 occupational health surveillance
以预防为目的，根据劳动者的职业接触史，通过定期或不定期的医学健康检查和健康相关资料的收集，连续地监测劳动者的健康状况，分析劳动者健康变化与所接触的职业病危害因素的关系，并及时将健康检查和资料分析结果报告给用人单位和劳动者本人，以便适时采取干预措施，保护劳动者健康。主要包括职业健康检查和职业健康监护档案管理等内容。

01.060 工作相关疾病 work-related disease
与多因素相关的疾病。在职业活动中，由于职业性有害因素等多种因素的作用，劳动者罹患某种疾病、潜在疾病显露或原有疾病加重。

01.061 环境容量 environment capacity
某一定地区（一般应是地理单元），在特定的产业结构和污染源分布的条件下，根据该地区的自然净化能力，在不超过环境目标值的前提下，所能承受的污染物最大排放量。

01.062 环境功能区 environmental functional area
根据环境保障自然生态安全和维护人群环境健康两方面基本功能，将国土空间划分为五种环境功能类型区。从保障自然生态安全出发划出自然生态保留区和生态功能调节区；从维护人群环境健康出发划出食物安全保障区、聚居发展维护区和资源开发引导区。

01.063 环境空气敏感区 ambient air sensitive area
评价范围内按GB 3095规定划分为一类功能区的自然保护区、风景名胜区和其他需要特殊保护的地区，二类功能区中的居民区、文化区等人群较集中的环境空气保护目标，以及对项目排放大气污染物敏感的区域。

01.064 污染源 pollution source
向环境排放有害物质或对环境产生有害影响的材料、设备或装置。

01.065 重点污染源 key pollution source
环境保护行政主管部门在环境管理中确定的污染物排放量大、污染物环境毒性大或存在较大环境安全隐患、环境危害严重的污染源。

01.066 常规污染物 conventional pollutant
一些相对普通的物质，在各个地方都可以找到，并且被认为只有含量很高时才会带来危险。在制定环境标准时会利用这些污染物来制定一个可以接受的标准。

01.067 特征污染物 characteristic pollutant
能够反映某行业或同一行业中某种生产工艺所排放污染物中有特殊代表性的那部分，能够显示此行业的污染程度，一般可以理解为排放量较大的污染物。不同行业不同生产工艺都有其不同的特征污染物。

01.068 三废处理 treatment of three wastes
采取多种措施对工业生产排放的废气、废水（废液）、废渣进行处理和合理利用的系统工程。

01.069 污染物排放总量 total amount of pollutant discharge
在一定区域和时间范围内的排污量总和。

01.070 直接排放 direct discharge
排污单位未经处置，直接向外环境排放污染物的行为。

01.071 间接排放 indirect discharge
排污单位向公共污水处理系统排放污染物的行为。

01.072 正常工况排放 normal situation emission
生产装置在正常运行情况下进行的废弃物排放。

01.073 非正常工况排放 emission under abnormal situation
生产装置在非正常运行情况下进行的废弃物排放。

01.074 超清洁排放 ultra-clean emission
燃料燃烧后的排放气中有害污染物的含量极低或近似为零。

01.075 工业用水考核指标 industrial water examination index
主要包括水重复利用率、间接冷却水循环率、工艺水回用率、万元产值取水量、单位产品取水量、蒸汽冷凝水回收率和职工人均日生活取水量等。

01.076 水重复利用率 water reuse rate
反映企业用水水平的一项主要指标。是企业在生产过程中，在一定的统计时期内，所使用的重复利用水量与总用水量之比。

01.077 污水处理 waste water disposal
对污水采用物理、化学、生物等方法进行净化的过程。

01.078 污水回用 waste water reuse
将废水或污水经处理后回用于生产或生活系统。

01.079 污水回用率 reuse rate of waste water treatment
废水或污水经处理后回用于生产或生活系统的量占原废水或污水量的比例。

01.080 污水再生利用 waste water reclamation
以污水为水源，经净化处理达到规定的水质标准后，通过管渠输送或现场予以再利用的过程。

01.081 再生水 reclaimed water
污水经净化处理后，水质达到利用要求的水。

01.082 水污染物 water pollutant
能使水质恶化的污染物质。

01.083 化学需氧量 chemical oxygen demand，COD
在规定的测定条件下用氧化剂处理水样时，与水中溶解物和悬浮物消耗的该氧化剂数量相当的氧的质量浓度。

01.084 生化需氧量 biochemical oxygen demand，BOD
在规定的测定条件下用生物氧化法处理水样时，水中溶解物和悬浮物所消耗的溶解氧的质量浓度。

01.085 总碳 total carbon
水中的有机碳和无机碳的总和。

01.086 总无机碳 total inorganic carbon
水中以无机含碳化合物存在的碳总量。

01.087 总有机碳 total organic carbon，TOC
水中溶解性和悬浮性有机物中存在的碳总量。

01.088 水污染物因子 water pollutant factor
通常分为非污染物因子（如温度、pH 等)、氧平衡性因子（如 COD、BOD、TOC 等)、营养化因子（如总氮、氨氮、总磷等)、毒理性因子（如重金属等)、其他因子（如悬浮物等其他有机物杂质）五类。

01.089 总氮 total nitrogen
水中各种形态无机和有机氮的总量。包括硝态氮、亚硝态氮、氨氮等无机氮和蛋白质、氨基酸、有机胺等有机氮。

01.090　氨氮　ammonia nitrogen
水中以游离氨（NH_3）和铵离子（NH_4^+）形式存在的氮。

01.091　总磷　total phosphorus，TP
存在于水中的水污染物因子，包含正磷酸盐、缩合磷酸盐（焦磷酸盐、偏磷酸盐和多磷酸盐）和有机结合态磷（磷脂等）等各种磷酸盐的总称。

01.092　单位产品排水量　quantity of water drainage for unit product
用于核定水污染物排放浓度而规定的生产吨产品的废水排放量的上限值。

01.093　单位产品取水量　quantity of water intake for unit product
在工业生产中，生产单位产品所需要取用的新鲜水量。

01.094　大气污染物　air pollutant
大气中含有造成大气污染的各种形态物质的总称。

01.095　化工废气　chemical waste gas
在化工生产过程中排放出的有毒有害气体。

01.096　废气处理率　waste gas disposal rate
生产过程中排出的废气经过各种处理装置净化、回收和综合利用的总量占生产过程中产生废气总量的百分比。

01.097　排放速率　emission rate
单位时间内排放的污染物总量。

01.098　固定污染源　stationary pollution source
烟道、烟囱、排气筒等这类相对固定的排放设施。排放的废气中既包含固态的烟尘和粉尘，又包含气态和气溶胶态的多种有害物质。

01.099　移动污染源　mobile pollution source
又称“流动污染源”。交通车辆、飞机、轮船等具有流动性的排气源。排放废气中含有烟尘、有机和无机的气态有害物质。

01.100　大气污染物特别排放限值　special limitation for air pollutant
为防治区域性大气污染、改善环境质量、进一步降低固定污染源和移动污染源的排放强度、更加严格地控制排污行为而制定并实施的排放限值。

01.101　挥发性有机物　volatile organic compound，VOC
沸点在 50～250℃，室温下饱和蒸气压超过 133.32Pa，在常温下以蒸气形式存在于空气中的有机物（不包括甲烷）。

01.102　非甲烷总烃　non-methane total hydrocarbon
除甲烷以外的所有碳氢化合物的总称。包括烷烃、烯烃、芳香烃、含氧烃等组分。实际是指 C_2～C_8 的烃类。是大气污染环境质量控制重要指标之一。

01.103　一般固体废物　general solid waste
工业生产过程中产生的对人群健康和生态环境无显著危险和毒害的废物。包括生活垃圾。

01.104　环境监测　environmental monitoring
通过对人类和环境有影响的各种物质的含量、排放量的检测，跟踪环境质量的变化，评价达标排放水平，为环境管理、污染治理等工作提供基础和保证的活动。

01.105　污染环境罪　offense of environmental pollution
违反防治环境污染的法律规定，造成环境污染，后果严重，依照法律应受到刑事处罚的行为。

01.106　生态文明　ecological civilization
物质文明与精神文明在自然与社会生态关

系上的具体体现。包括对天人关系的认知、人类行为的规范、社会经济体制、生产消费行为、有关天人关系的物态和心态产品、社会精神面貌等方面的体制合理性、决策科学性、资源节约性、环境友好性、生活简朴性、行为自觉性、公众参与性和系统和谐性。

01.107　环境保护　environmental protection

人类为解决现实或潜在的环境问题、协调人类与环境的关系、保护人类的生存环境、保障经济社会的可持续发展而采取的各种行动的总称。

01.108　环境保护标准　environmental protection standard

为了防治环境污染，维护生态平衡，保护人体健康，国务院环境保护行政主管部门和省级人民政府依据国家有关法律规定，对环境保护工作中需要统一的各项技术要求所制定的各种规范性文件。标准类别包括环境质量标准、污染物排放标准、环境监测规范及管理规范类标准和环境基础类标准等。

01.109　环境保护政策　environment protection policy

国家对为解决现实的或潜在的环境问题，协调人类与环境的关系，保障经济社会的持续发展而采取的各种行动的行为所制定的标准规范。

01.110　环境因素　environmental factor

一个组织的活动、产品或服务中能与环境发生相互作用的要素。

01.111　环境友好型社会　environmentally friendly society

在社会经济发展的各个环节遵从自然规律，节约资源、保护环境，以最小的环境投入达到社会经济的最大化发展，不仅形成人类社会与自然和谐共处、可持续发展，而且形成经济与自然相互促进，建立人与环境良性互动的关系。

01.112　环保产业　environmental protection industry

在国民经济结构中，以防治环境污染、改善生态环境、保护自然资源为目的而进行的技术产品开发、商业流通、资源利用、信息服务、工程承包等活动的总称。

01.113　资源综合利用　integrated use of natural resources

在矿产资源开采过程中对共生、伴生矿进行综合开发与合理利用；对生产过程中产生的废渣、废水（液）、废气、余热、余压等进行回收和合理利用；对社会生产和消费过程中产生的各种废物进行回收和再生利用。

01.114　环境管理体系　environmental management system，EMS

一个组织内全面管理体系的组成部分。包括制定、实施、实现、评审和保持环境方针所需的组织机构、规划活动、机构职责、惯例、程序、过程和资源，还包括组织的环境方针、目标和指标等管理方面的内容。

01.115　可持续发展　sustainable development

经济、社会、资源和环境保护协调发展，既要达到发展经济的目的，又要保护好人类赖以生存的大气、淡水、海洋、土地和森林等自然资源和环境，使子孙后代能够永续发展。

01.116　节能减排　energy conservation and emission reduction

降低能源消耗，减少污染物排放。(1) 广义而言是指节约物质资源和能量资源，减少废弃物和环境有害物（包括“三废”和噪声等）排放。(2) 狭义而言是指节约能源和减少环境有害物排放。

01.117　绿色经济　green economy

以经济与环境的和谐为目的而发展起来的一种新的经济形式。是产业经济为适应人类环保与健康需要而产生并表现出来的一种发展状态。

01.118 循环经济 circular economy
以资源的高效利用和循环利用为核心，以“减量化、再利用、资源化”为原则，以低消耗、低排放、高效率为基本特征，符合可持续发展理念的一种经济增长模式。是对“大量生产、大量消费、大量废弃”的传统增长模式的根本变革。

01.119 低碳经济 low-carbon economy，LCE
在可持续发展理念指导下，通过技术创新、制度创新、产业转型、新能源开发等多种手段，尽可能地减少煤炭、石油等高碳能源消耗，减少温室气体排放，达到经济社会发展与生态环境保护双赢的一种经济发展形态。

01.120 温室气体 greenhouse gas，GHG
大气中由自然或人为产生的能够吸收长波辐射的成分。水蒸气（H_2O）、二氧化碳（CO_2）、氧化亚氮（N_2O）、甲烷（CH_4）、臭氧（O_3）和氯氟烃（CFC）是地球大气中的主要温室气体。

01.121 清洁生产 cleaner production
不断采取改进设计、使用清洁的能源和原料、采用先进的工艺技术与设备、改善管理、综合利用等措施，从源头削减污染，提高资源利用效率，减少或者避免生产、服务和产品使用过程中污染物的产生和排放，以减轻或者消除对人类健康和环境危害的生产方式。

01.122 生态补偿机制 ecological compensation mechanism
以保护生态环境、促进人与自然和谐为目的，根据生态系统服务价值、生态保护成本、发展机会成本，综合运用行政和市场手段，调整生态环境保护和建设相关各方之间利益关系的环境经济政策。

01.123 排污许可制度 pollutant discharge permit system
国家为加强环境管理而采用的一种行政管理制度。在建设和经营各种设施时，其排污的种类、数量和对环境的影响，均需由经营者向主管机关申请，经批准领取许可证后方能进行。

01.124 国家危险废物名录 national list of hazardous waste
中华人民共和国国家发展和改革委员会根据《中华人民共和国固体废物污染环境防治法》发布的，为防止危险废物对环境的污染，加强对危险废物的管理，保护环境和保障人民身体健康而制定的名录。

01.125 污染预防 pollution prevention
为了降低有害的环境影响而采用或综合采用的过程、惯例、技术、材料、产品、服务或能源，以避免、减少或控制任何类型的污染物或废物的产生、排放或废弃。

02. 炼油与化工企业健康-安全-环境管理

02.01 生产安全与防护

02.001 保护层 protection layer
能够阻止场景向不期望后果发展的设备、系统或行动。

02.002 独立保护层 independent protection layer，IPL
能够阻止场景向不期望后果发展，并且独立

于场景的初始事件或其他保护层的设备、系统或行动。

02.003 保护层分析 layer of protection analysis，LOPA

通过分析事故场景初始事件、后果和独立保护层，对事故场景风险进行半定量评估的一种系统方法。

02.004 危险与可操作性分析 hazard and operability study，HAZOP

用于辨识设计缺陷、工艺过程危害及操作性问题的一种结构化分析方法。通过借助引导词和团队协作，分析工艺系统中的事故剧情、评估相应的风险，分析工艺系统是否满足各种工况下的操作需求并便于操作，根据需要提出风险控制的建议措施。

02.005 装置开车前安全审查 pre-startup safety review，PSSR

装置、设备、设施启动前对所有过程安全要素进行核查确认，判定是否能安全启动，并跟踪验证的过程。

02.006 安全操作规程 safety operating procedure

为保证生产、工作能够安全、稳定、有效运转而制定的，相关人员在操作设备或进行作业时必须遵循的程序或步骤。

02.007 安全技术规程 safety technical procedure

为了防止劳动者在生产和工作过程中发生伤亡事故，保障劳动者的安全和防止生产设备遭到破坏而制定的各种规范。

02.008 直接作业环节 direct work process

在生产过程中，由人直接实施和参与的安全风险大、作业难度大的特殊工程或项目的作业活动。主要包括动火作业、临时用电作业、进入受限空间作业、高处作业、破土作业、起重作业、高温作业、施工作业等。

02.009 受限空间 confined space

进出口受限，通风不良，可能存在易燃易爆、有毒有害物质或缺氧，对进入人员的身体健康和生命安全构成威胁的封闭、半封闭设施及场所。如反应器、塔、釜、槽、罐、炉膛、锅筒、管道以及地下室、窨井、坑（池）、下水道或其他封闭、半封闭场所。

02.010 受限空间作业 work in confined space

进入或探入受限空间进行的作业。

02.011 动火作业 fire operation

在禁火区进行焊接与切割作业及在易燃易爆场所使用喷灯、电钻、砂轮等进行可能产生火焰、火花和炽热表面的临时性作业。

02.012 临时用电作业 temporary electricity work

在正式运行的电源上接入非永久性用电设施的作业。

02.013 高处作业 work at height

在距坠落基准面 2m 及 2m 以上有可能坠落的高处进行的作业。

02.014 高温作业 work in hot environment

作业地点具有生产性热源，其环境温度高于本地区夏季室外通风设计计算温度 2℃及以上的作业。

02.015 低温作业 work in cold environment

在生产劳动过程中，其工作地点平均气温等于或低于 5℃的作业。

02.016 动土作业 excavation work

又称“*破土作业*”。挖土、打桩、钻探、坑探、地锚入土深度在 0.5m 以上，使用推土机、压路机等施工机械进行填土或平整场地等可能对地下隐蔽设施产生影响的作业。

02.017 盲板抽堵作业 blind plate work

在设备、管道上安装和拆卸盲板的作业。

02.018　射线作业　work in ray environment
使用或可能接触放射性同位素或射线的作业。

02.019　特种作业　special work
容易发生人员伤亡事故，对操作者本人、他人的安全健康及设备、设施的安全可能造成重大危害的作业。原国家安全生产监督管理总局规定了 17 种特种作业，要求从事特种作业的人员必须接受与本工种相适应的、专门的安全技术培训，经安全技术理论考核和实际操作技能考核合格，取得特种作业操作证后，方可上岗作业。

02.020　在线监测　online monitoring
通过装在生产线和设备上的各类监测仪表，对生产及设备的场景、温度、压力等工况进行连续自动监测并上传至接收端。

02.021　过程危害分析　process hazard analysis
工艺安全管理的核心要素。为了减少和消除工艺过程中的危害、减轻事故后果、提供必要的决策依据，对工艺装置或设施进行有组织、系统的危害辨识的活动。

02.022　作业危害分析　job hazard analysis，JHA
又称“*工作危害分析*”。对作业活动的每一步骤进行分析，从而辨识潜在的危害并制定安全措施的一种定性风险分析方法。

02.023　故障模式与影响分析　failure mode and effect analysis，FMEA
研究产品的每个组成部分可能存在的故障模式，并确定各个故障模式对产品其他组成部分和产品要求功能影响的一种定性的可靠性分析方法。

02.024　故障树分析　fault tree analysis，FTA
对既定生产系统或作业中可能导致的灾害后果，按工艺流程、先后次序和因果关系绘成程序方框图，借助输入符号和关系符号，表示导致灾害、伤害事故（不希望事件）的各种因素之间的逻辑关系。

02.025　事件树分析　event tree analysis，ETA
按事故发展的时间顺序由初始事件开始推论可能的后果，从而进行危险源辨识的一种方法。这种方法将系统可能发生的某种事故与导致事故发生的各种原因之间的逻辑关系用一种树形图表示，通过对事件树的定性与定量分析，找出事故发生的主要原因，为确定安全对策提供可靠依据，以达到预测与预防事故发生的目的。

02.026　领结图分析　bow-tie analysis
用图形的方式表示事故（顶级事件）、事故发生的原因、导致事故的途径、事故的后果及预防事故发生的措施之间关系的分析方法。由于其图形与领结相似，故名。

02.027　火灾爆炸指数评价法　fire-explosion index，FEI
用于化工生产工艺过程火灾爆炸危险评价的一种方法。是利用工艺单元潜在火灾、爆炸损失相对值的综合指数对工艺装置及所含物料的潜在火灾、爆炸和反应性危险逐步推算和客观评价，以危险指数表征危险性的大小的方法。

02.028　安全检查表法　safety check list，SCL
安全系统工程中一种定性分析方法。将被评价系统分成若干个单元或层次，列出各单元或层次的危险因素，然后确定检查项目，把检查项目按单元或层次的组成顺序编制成表格，以提问或现场观察的方式确定各检查项目的状况并填写到表格对应的项目上，以对系统安全状态进行评价。

02.029　设备完整性　mechanical integrity，MI
设备正确地设计、建造、安装及正常地运行，在使用年限内符合预期用途和功能，是安全性、可靠性、维修性等设备特性的综合。

02.030　以可靠性为中心的维护　reliability centered maintenance，RCM

一种系统性方法。用于评估设备失效对系统性能的影响，并确定已识别出的设备失效的具体管理策略。包括预防性维修、检验、测试及变更等。

02.031　设备失效分析　equipment failure analysis

分析导致设备失效的机理和根本原因的一种系统方法。

02.032　特种设备　special equipment

涉及生命安全、危险性较大的设备。包括锅炉、压力容器（含气瓶）、压力管道、电梯、起重机械、客运索道、大型游乐设施和场（厂）内专用机动车辆。

02.033　基于风险的检验　risk-based inspection，RBI

一种通过识别失效机理、在役设备失效的后果及可能性，从而确定设备检验测试策略的系统性方法。

02.034　关键装置　critical unit

陆上、海（水）上油气勘探开发生产设施以及工艺操作是在易燃、易爆、有毒、有害、易腐蚀、高温、高压、真空、深冷、临氢、烃氧化等条件下进行的生产装置。

02.035　要害部位　vital site

包括以下场所或区域：①多工种联合作业、频繁拆卸、搬迁、安装的部位，生产过程中不安全因素多的野外施工现场；②相对集中的油气生产与处理装置区；③制造、储存、运输和销售易燃易爆、剧毒等危险化学品的场所，以及可能形成爆炸、火灾场所的罐区、装卸台（站）、码头、油库、仓库等；④对关键装置安全、稳定、长周期、满负荷、优生产起关键作用的公用工程系统等；⑤运送危险品的专业运输车（船）队等。

02.036　腐蚀调查　corrosion investigation

在装置停工维修期间，按照腐蚀机理，采用宏观检查及对应损伤机理的无损检测手段对各类设备、管道腐蚀状况进行的有针对性的检查工作。

02.037　定点测厚　positioned thickness measurement

一种腐蚀监测技术。在指定位置采用超声波测厚等方法，通过测量壁厚的减薄来反映设备的腐蚀速率。

02.038　冲刷腐蚀　erosion corrosion

设备或管道内壁与介质之间由于高速相对运动引起的金属损伤。

02.039　设备安全评估　equipment safety assessment

以实现设备安全为目的，对设备的结构、功能、特性和效果等进行的质量评定。

02.040　缺陷评定　defect assessment

制造完毕或在役的压力容器上出现裂纹、未焊透、夹渣或其他缺陷时，对其安全性和剩余寿命做出科学、安全的评定的行为。

02.041　合乎使用评定　fitness-for-service assessment

用以确定设备部件是否能够在规定的操作条件（温度、压力等）下运行的一种评估设备当前状态的系统方法。

02.042　完整性操作窗口　integrity operating window，IOW

工艺参数所设定的限值。当工艺操作在预定时间内偏离这些限值时可影响设备的完整性。

02.043　腐蚀适应性评估　fitness-for-service corrosion assessment
对炼油装置的设备及管道加工劣质原料的能力及可能存在腐蚀隐患的部位给出具有可操作性解决方案的安全评估。

02.044　安全防护装置　safety device
采用物理障碍，通过自身的结构功能限制危险或危险因素对被保护对象产生伤害，将人与危险隔离的装置。

02.045　超压泄放装置　overpressure relief device
一种保证压力容器安全运行，超压时能自动、及时、足量泄放压力，且泄放时发出报警，防止发生超压爆炸的附属机构。是压力容器的安全附件之一。包括爆破片安全装置、安全阀及两者的组合。

02.046　爆破片　rupture disc
爆破片安全装置中，因超压而迅速动作的片状压力敏感元件。

02.047　爆破片安全装置　rupture disc safety device
由爆破片（或爆破片组件）和夹持器（或支承圈）等零部件组成的非重闭式压力泄放装置。在设定的爆破温度下，爆破片两侧压力差达到预定值时，爆破片即刻动作（破裂或脱落），泄放出流体介质。

02.048　安全阀　safety valve
不借助任何外力而利用介质本身的力来排出额定数量的流体，以防止压力超过额定的安全值的一种自动阀门。当压力恢复正常后，阀门再行关闭并阻止介质继续流出。

02.049　抑爆装置　explosion suppression device
为抑制可燃性气体（蒸气）或粉尘与空气混合物的爆炸性而设置的特殊安全保障装置。

02.050　抑爆剂　suppressant
为抑制可燃性气体（蒸气）或粉尘与空气混合物的爆炸性，而加入的惰性物质。常见的抑爆剂有水、水加卤代烷、粉末无机盐类抑制剂等。

02.051　有毒气体检测报警装置　toxic gas detection and alarm device
用于检测和（或）报警工作场所空气中有毒气体的装置和仪器。由探测器和报警控制器组成，具有有毒气体自动检测与报警功能，常用的有固定式、移动式和便携式检测报警仪。

02.052　氮封　nitrogen sealed
利用氮气将与物料接触的空气置换掉，防止物料与空气中的某些组分接触后性状发生改变的技术。

02.053　水喷淋　water spray
必要时以喷水的形式降温或灭火从而保护设备、设施、管道等的安全装置，同时具有报警功能。由开式或闭式喷头、传动装置、喷水管网、湿式报警阀等组成。

02.054　泄爆门　venting door
厂房、锅炉房、危险品仓库等应用的轻质泄压门。通过泄爆配件或装置使门开启释放压力以控制爆炸产生，使破坏程度减小。

02.055　阻隔防爆装置　barrier and explosion proof device
由阻隔防爆材料和支撑构件等组成的装置。安装在储存或运输易燃液体和易燃气体的储罐内，能防止罐体内因静电、明火、焊接、枪击和碰撞等意外事故引发爆炸。

02.056　阻隔防爆材料　barrier and explosion proof materials
用特种合金制成的网状或其他形状的材料。填充在易燃液体和易燃气体储罐内，能阻隔火焰传播，从而防止爆炸发生。

02.057 阻火器 flame arrester

用于阻止火焰（爆燃或爆轰）通过的装置。由阻火芯、外壳及配件构成。一般安装在输送可燃气体的管道中或者通风的槽罐上。

02.058 腐蚀监测 corrosion monitoring

利用各种仪器工具和分析方法，对材料在腐蚀介质环境中的腐蚀速度或者与腐蚀速度有密切关系的参数进行连续或断续测量的技术。

02.059 事后维修 breakdown maintenance

当设备发生故障或者性能低下后进行的维修。

02.060 安全完整性 safety integrity

在规定的状态和时间周期内，安全仪表系统圆满完成所要求的安全功能的概率。

02.061 硬件安全完整性 hardware safety integrity

在危险失效模式中与随机硬件失效相关的安全相关系统安全完整性的一部分。用于表征在危险失效模式下，随机硬件失效的可能性。

02.062 系统安全完整性 systematic safety integrity

在危险失效模式中与系统失效相关的安全相关系统安全完整性的一部分。用于表征在危险失效模式下，随机系统失效的可能性。

02.063 安全生命周期 safety lifecycle

从项目概念阶段开始到所有的系统安全功能不再适用时的整个周期。包含在系统安全功能实现中的所有必要活动。

02.064 失效 failure

功能单元失去执行其自身功能的能力或者以非要求的方式运行。

02.065 安全失效 safe failure，SF

安全功能涉及的组件/子系统/系统失效导致安全功能误执行，使受控设备进入或保持安全状态。

02.066 危险失效 dangerous failure，DF

安全功能涉及的组件/子系统/系统失效妨碍安全功能的执行，或者因安全功能失效导致受控设备进入危险或潜在危险状态。

02.067 无影响失效 no effect failure

对安全相关系统无直接影响的失效。

02.068 共因失效 common cause failure，CCF

由两个或多个事件共同导致的失效。

02.069 诊断覆盖率 diagnostic coverage，DC

元件或子系统中通过内部在线诊断，检测出的失效率与总失效率的比值。

02.070 要求平均失效概率 average probability of failure on demand，PFDavg

当受控设备或受控设备控制系统发出指令时，一个电气/电子/可编程电子（E/E/PE）安全相关系统表现出的特定安全功能的平均不可用度。

02.071 可靠性评估 reliability assessment

对系统在规定时间内和规定条件下完成特定功能的能力进行的评估。

02.072 危险失效频率 frequency of dangerous failure

安全相关系统处于潜在的危险或丧失功能状态的发生频率。

02.073 误动率 spurious trip rate，STR

又称“误停车率”。未检测到的误停车失效率之和。一种用来衡量安全功能导致误停车的性能参数。

02.074 平均无故障工作时间 mean time between failures，MTBF

又称“平均故障间隔时间”。是系统在相邻两次故障之间工作时间的数学期望值。即在每两次相邻故障之间的工作时间的平均值。

02.075　检验测试周期　proof test cycle

为揭示安全仪表系统中未检测到的故障而进行测试（目的是必要时可将系统修复到设计功能）的周期。

02.076　功能安全　functional safety

工艺过程和基本过程控制系统（受控设备或受控设备控制系统）有关的整体安全的一部分功能，取决于安全仪表系统和其他保护层机能（电气/电子/可编程电子安全相关系统、其他技术安全相关系统和外部风险降低措施）的正确施行。可以应对潜在的人为失误、硬件失效或环境改变。

02.077　功能安全评估　functional safety assessment

基于可靠证据的评估。用于评判一个或多个保护层获取的功能安全是否达到预设要求。

02.078　功能安全认证　functional safety certification

对安全完整性等级（SIL）或者性能等级（PL）进行评估和确认的一种第三方评估、验证和认证。主要涉及针对安全设备开发流程的功能安全管理（FSM）评估、硬件可靠性计算和评估、软件评估、环境试验、电磁兼容性（EMC）测试等内容。

02.079　安全完整性等级　safety integrity level，SIL

是机能安全的一部分。是指风险降低后，风险的相对水平，由每小时发生的危险失效概率来区分。国际标准中规定了四个等级，第四级表示最高的完整性程度，第一级表示最低的完整性程度。

02.080　安全监控系统　safety monitoring system

用于生产过程的监测，当安全参数达到极限值时产生显示及声、光报警等输出，且除监测外还参与一些简单的开关量控制，如断电、闭锁等。

02.081　基本过程控制系统　basic process control system，BPCS

能够回应来自过程、关联设备、其他编程系统操作人员的输入信号，且可以生成输出信号，导致过程与关联设备按目标方式动作的系统。

02.082　总线控制系统　fieldbus control system，FCS

利用开放型的数字通信技术，形成工厂底层控制网络构造的网络集成式全分布计算机控制系统。

02.083　数据采集与监控系统　supervisory control and data acquisition，SCADA

综合运用计算机技术、控制技术、通信与网络技术完成对测控点分散的过程或设备实时数据的采集，本地或远程的自动控制及生产过程的全面实时监控，为安全生产、管理、优化和故障诊断提供必要和完整的数据及技术手段的以计算机为基础的分布式控制系统与自动化监控系统。

02.084　安全相关系统　safety related system

能实现所要求的安全功能，使受控设备达到或维持在安全状态，且自身能够与其他相关系统或外部风险降低设施协作，使系统或设备达到所要求的安全功能的系统。

02.085　报警系统　alarm system

对温度、压力、物位等工况参数进行检测，以达到检测危险的功能，并在检测到危险时通过图像或声音发出警告的系统。

02.086　联锁系统　interlock system

装置在发生异常情况时，用来自动紧急关停装置的保护系统。包括开车系统和停车系统。

02.087 紧急停车系统 emergency shutdown system，ESD

由国际电工委员会（IEC）标准 IEC61508、IEC61511 定义的专门用于安全的控制系统。由传感器、逻辑运算单元和控制元件组成。该系统设计用于生产装置和设备出现紧急状况时，及时响应，自动地将其置于预定义的安全停车工况，保证生产、设备、环境和人员的安全。

02.088 安全仪表功能 safety instrumented function，SIF

由安全仪表测量系统执行的、具有特定安全完整性等级的安全功能。用于应对特定的危险事件，达到或保持过程的安全状态。

02.089 紧急切断阀 emergency shutdown valve

又称“安全切断阀（safety shutdown valve）”。在遇到突发情况时，会迅速关闭或者打开，避免造成事故的阀门。

02.090 海因里希法则 Heinrich rule

又称“海因里希安全法则”“海因里希事故法则”。由美国安全工程师海因里希（H. W. Heinrich）提出的法则：当一个企业有 300 起隐患或违章时，必然要发生 29 起轻伤或故障，另外还有一起重伤、死亡或重大事故。

02.091 事故致因理论 accident-causing theory

用来阐明事故的成因、始末过程和后果，以便对事故现象的发生、发展进行明确分析的理论。主流的事故致因理论包括事故频发倾向论、事故因果论、能量释放论、事故扰动起源论以及轨迹交叉论等。

02.092 事故频发倾向论 accident proneness theory

事故致因理论的一种。认为企业工人中存在着更容易发生事故的个别人，即事故频发倾向者，减少事故频发倾向者就可以减少事故。

02.093 事故因果[连锁]论 accident causation sequence theory

事故致因理论的一种。把工业伤害事故的发生过程描述为具有一定因果关系事件的连锁。包括五个因素：遗传及社会环境、人的缺点、人的不安全行为或物的不安全状态、事故、伤害。该理论由美国海因里希（H. W. Heinrich）提出，用以阐明导致伤亡事故的各种原因因素间及与伤害间的关系。

02.094 能量释放论 energy release theory

事故致因理论的一种。认为事故是一种不正常的或不希望的能量释放，是构成伤害的直接原因，应该通过控制能量或控制作为能量达及人体媒介的能量载体来预防伤害事故。

02.095 事故扰动起源论 theory on perturbation origin of accident，P theory of accident

事故致因理论的一种。将事故看作相继发生的事件过程，以破坏自动调节的动态平衡——“扰动”为起源事件，以伤害或损坏而告终（终了事件）。

02.096 事故综合原因论 comprehensive accident reason theory

事故致因理论的一种。认为事故的发生绝不是偶然的，而是有其深刻原因的，包括直接、间接和基础原因；事故是社会因素、管理因素和生产中的危险因素被偶然事件触发所造成的结果。

02.097 轨迹交叉论 trace intersecting theory

事故致因理论的一种。认为在一个系统中，人的不安全行为和物的不安全状态的形成过程中，一旦发生时间和空间的运动轨迹交叉，就会造成事故。

02.098　应急预案　emergency response proposal

针对项目可能遇到的突发事件，如自然灾害、重特大事故、环境公害等制定的应急管理、指挥、救援计划等。

02.099　应急救援　emergency rescue

在应急响应过程中，为最大限度地降低事故造成的损失或危害、防止事故扩大而采取的紧急措施或行动。

02.100　现场急救　first aid

在意外伤害或危重急症发生时，获得专业医疗救助之前，在事发现场所提供的及时有效的初步救助措施。

02.101　应急物资　emergency materials

用于处置事故的车辆和各类侦检、个体防护、警戒、通信、输转、堵漏、洗消、破拆、排烟照明、灭火、救生等物资与器材。

02.102　应急演练　emergency drill

针对事故情景，依据应急预案而模拟开展的预警行动、事故报告、指挥协调、现场处置等活动。

02.103　应急监测　emergency monitoring

在发生环境事故或其他事故时进行的环境监测活动。以确定污染物浓度、扩散方向与速度和危及范围，为控制污染提供支持。

02.104　应急处置　emergency response

对即将发生、正在发生或已经发生的突发事件所采取的一系列的应急响应措施。

02.105　预警　early-warning

在灾害或灾难及其他需要提防的危险发生之前，根据以往总结的规律或观测得到的可能前兆，向相关部门发出紧急信号，报告危险情况，以避免危害在不知情或者准备不足的情况下发生，从而最大限度降低危害所造成的损失的行为。

02.106　应急联动　integrated emergency response

在突发事件（事故）应急处置过程中，政府及企业（或企业之间）联合行动、互相支持、密切配合以做好各项应急处置工作的机制。

02.107　特别重大事故　extraordinarily serious accident

造成30人以上（含30人）死亡，或者100人以上（含100人）重伤（包括急性工业中毒），或者1亿元以上（含1亿元）直接经济损失的事故。

02.108　重大事故　major accident

造成10人以上（含10人）30人以下死亡，或者50人以上（含50人）100人以下重伤（包括急性工业中毒），或者5000万元以上（含5000万元）1亿元以下直接经济损失的事故。

02.109　较大事故　considerable accident

造成3人以上（含3人）10人以下死亡，或者10人以上（含10人）50人以下重伤（包括急性工业中毒），或者1000万元以上（含1000万元）5000万元以下直接经济损失的事故。

02.110　一般事故　ordinary accident

造成3人以下死亡，或者10人以下重伤（包括急性工业中毒），或者1000万元以下直接经济损失的事故。

02.111　事故统计　accident statistics

运用统计学原理对安全生产诸方面事故的数量进行统计、分析和研究，从而从数量方面反映安全生产状况的方法。统计的范围和对象，通常是企业职工在生产工作过程中所发生的同生产工作有关的人身伤亡事故，或因设备不安全而引起的人身伤亡事故。

02.112　伤亡事故类别　accident type
对于生产劳动过程中发生的人身伤害、急性中毒等事故，我国现行国家标准 GB 6441 将事故类别划分成 20 类，包括物体打击、车辆伤害、机械伤害、重伤害、触电、淹溺、灼烫、火灾、高处坠落、坍塌、冒顶片帮、透水、放炮、火药爆炸、瓦斯爆炸、锅炉爆炸、容器爆炸、其他爆炸、中毒和窒息、其他伤害等。

02.113　事故损失　accident loss
企业职工在劳动生产过程中发生伤亡事故所引起的一切经济损失。

02.114　直接经济损失　direct economic loss
因事故造成人身伤亡及善后处理支出的费用和毁坏财产的价值。

02.115　间接经济损失　indirect economic loss
因事故导致产值减少、资源破坏和受事故影响而造成其他损失的价值。

02.116　轻伤事故　minor accident
损失工作日为 1 个工作日以上（含 1 个工作日）、105 个工作日以下的失能伤害事故。

02.117　重伤事故　severe accident
损失工作日为 105 个工作日以上（含 105 个工作日）、6000 个工作日以下的失能伤害事故。

02.118　起因物　causing thing
导致事故发生的物体、物质。如锅炉、压力容器、电气设备、起重机械、泵、发动机、工作面（人站立面）、环境、动物等。

02.119　致害物　damaging thing
直接引起伤害及中毒的物体或物质。如电气设备、锅炉、压力容器、化学品、机械、噪声等。

02.120　车辆伤害　vehicle injury
本企业机动车辆引起的机械伤害事故。适用于机动车辆在行驶中的挤、压、撞车或倾覆等事故，以及在行驶中上下车、搭乘矿车或放飞车、车辆运输挂钩事故、跑车事故。

02.121　物体打击　object strike
失控物体的惯性力造成的人身伤害事故。适用于落下物、飞来物、滚石、崩块所造成的伤害。例如，林区伐木作业的“回头棒”“挂枝”伤害、打桩作业锤击等，都属于此类伤害。但不包括由爆炸引起的物体打击。

02.122　机械伤害　mechanical injury
机械设备与工具引起的绞、辗、碰、割、戳、切等伤害。如工件或刀具飞出伤人、切屑伤人、手或身体被卷入机械设备中、手或其他部位被刀具碰伤或被转动的机械缠压住等。但属于车辆、起重设备的情况除外。

02.123　起重伤害　crane injury
从事起重作业时引起的机械伤害事故。例如，起重作业时脱钩砸人、钢丝绳断裂抽人、移动吊物撞人、绞入钢丝绳或滑车等伤害。同时包括起重设备在使用、安装过程中的倾翻事故及提升设备过卷、蹲罐等事故。不适用于下列伤害：①触电；②检修时制动失灵引起的伤害；③上下驾驶室时引起的坠落式跌倒。

02.124　触电　electric shock
电流流经人体，造成生理伤害的事故。例如，人体接触带电设备的金属外壳、裸露的临时线、漏电的手持电动工具，起重设备误触高压线或感应带电，雷击伤害，触电坠落等事故。

02.125　灼烫　thermal injury
强酸、强碱溅到身体引起的灼伤，由火焰引起的烧伤，高温物体引起的烫伤，放射线引起的皮肤损伤等事故。适用于烧伤、烫伤、化学灼伤、放射性皮肤损伤等伤害。不包括电烧伤及火灾事故引起的烧伤。

02.126　高处坠落　fall from height

在距坠落基准面 2m 以上（含 2m）作业时发生坠落而造成的人身伤害事故。

02.127　防火堤　fire dike

在单个或一组地上或半地下的罐体周围修筑的土堤。防火堤用来防止可燃液体爆炸或着火时，液体外溢或漫流燃烧。

02.128　物理爆炸　physical explosion

物理变化引起的爆炸。物理爆炸的能量主要来自压缩能、相变能、动能、流体能、热能和电能等。

02.129　化学爆炸　chemical explosion

化学变化引起的爆炸。化学爆炸的能量主要来自化学反应。化学爆炸的过程和能力取决于反应的放热性、反应的速度和是否生成气体产物。

02.130　锅炉爆炸　boiler explosion

由其他原因导致锅炉承压负荷过大而造成的瞬间能量释放现象。温度过高、锅炉缺水、水垢过多、压力过大等情况都会造成锅炉爆炸。

02.131　压力容器爆炸　pressure vessel explosion

承载一定压力的密闭设备，由于封闭外壳或受限空间承受不住系统内介质的压力而引起的爆炸。

02.132　稳高压消防水系统　stabilized high pressure fire water system

采用稳压泵维持管网的消防水压力大于或等于 0.7MPa 的消防水系统。

02.133　泄漏检测　leak detection

使用专用测量仪器，对生产装置的压缩机、泵、搅拌器、阀门（包括安全阀）、接头、管线开口、采样系统、仪表系统及其他设备的泄漏位置进行的检测。

02.134　烟雾探测报警系统　smoke detecting and alarm system

由监测烟雾的感应传感器和电子扬声器组成的针对烟雾的报警器，检测到烟雾浓度超过设定的阈值时会发出报警信号的系统。按使用的传感器分为离子烟雾报警器和光电烟雾报警器等。

02.135　液位报警　liquid level alarm

在容器计量中，容器内液面到计量基准点之间的距离超过限定值所引发的报警。液位报警包括机械式、雷达式及磁感应等方式。

02.136　可燃气体探测系统　combustible gas detection system

对单一或多种可燃气体浓度响应的探测器。有催化型、红外光学型两种类型。

02.137　可燃气体报警系统　combustible gas alarm system

区域安全监视器中的一种预防性报警器。当区域中可燃性气体发生泄漏时，可燃气体报警器检测到可燃气体浓度达到爆炸下限或上限的临界点，就会发出报警信号。

02.138　火灾自动报警系统　automatic fire alarm system

具有自动报警、自动灭火、安全疏散诱导、系统过程显示、消防档案管理等功能，由触发装置、火灾报警装置、火灾警报装置及具有其他辅助功能的装置组成的报警系统。

02.139　火炬系统　flare system

用来处理炼油厂、化工厂及其他工厂或装置无法回收和再加工的可燃性气体及蒸气的特殊燃烧设施。

02.140　紧急个体防护设施　emergency personal protective equipment

一种用于紧急状态下个体自救或者减轻伤

害的安全装置。一般包括洗眼器、喷淋器、逃生器、逃生索等设施。

02.141 灭火剂 fire extinguishing agent

能够有效地破坏燃烧条件，终止燃烧的物质。按其状态特征分为液体灭火剂、固体灭火剂和气体灭火剂三大类。原理主要包括冷却、窒息、隔离和化学抑制等。

02.142 泡沫灭火剂 foam extinguishing agent

与水混溶，通过化学反应或机械方法产生泡沫的灭火剂。其原理是在泡沫剂的水溶液中通过物理、化学作用充填大量气体，形成一个连续的泡沫覆盖层，在燃烧物表面发挥冷却、窒息或遮断作用，实现灭火。

02.143 抗溶泡沫液 alcohol-resistant foam concentrate

用于扑灭水溶性液体燃料火灾的泡沫液。

02.144 干粉灭火剂 powder extinguishing agent

由灭火基料（如小苏打、碳酸铵、磷酸的铵盐等）和适量润滑剂（硬脂酸镁、云母粉、滑石粉等）、少量防潮剂（硅胶）混合后共同研磨制成的细小颗粒。以二氧化碳作喷射动力，喷射出来的粉末浓度密集，颗粒微细，盖在固体燃烧物上能够构成阻碍燃烧的隔离层，同时析出不可燃气体，使空气中的氧气浓度降低，火焰熄灭。

02.145 安全疏散设施 emergency evacuation facility

引导向安全区域撤离的设施。包括安全出口、疏散楼梯、疏散走道、消防电梯、事故广播、防排烟设施、屋顶直升机停机坪、事故照明和安全指示标志等。

02.146 防火分区 fire compartment

在建筑内部采用防火墙、耐火楼板及其他防火分隔设施分隔而成，能在一定时间内防止火灾向同一建筑的其余部分蔓延的局部空间。

02.147 防火分隔 fire compartmentation

能在一定时间内阻止火势蔓延，将建筑内部空间分隔成若干较小防火空间的设施。

02.148 防火墙 firewall

为阻止火灾蔓延而设计的墙体或类似墙体的障碍物。

02.149 耐火等级 fire resistance rating

衡量建筑物耐火程度的分级标度。由组成建筑物的构件的燃烧性能和耐火极限确定。影响耐火等级选定的因素有：建筑物的重要性、使用性质和火灾危险性、建筑物的高度和面积、火灾荷载的大小等因素。

02.150 池火 pool fire

可燃液体（如汽油、柴油等）泄漏后流到地面形成液池，或流到水面并覆盖水面，遇到火源而燃烧的现象。

02.151 喷射火 jet fire

当带压力存储的可燃物质发生泄漏时，形成的喷射流在泄漏处被点燃形成的燃烧。

02.152 闪燃 flash burn

可燃液体挥发的蒸气与空气混合达到一定浓度遇明火发生一闪即逝的燃烧，或者将可燃固体加热到一定温度后，遇明火会发生一闪即灭的燃烧现象。

02.153 闪爆 flash explosion

当易燃气体在一个空气不流通的空间里，聚集到一定浓度后，一旦遇到明火或电火花就会立刻燃烧膨胀发生爆炸的现象。一般情况只是发生一次性爆炸，如果易燃气体能够及时补充还将发生多次爆炸。

02.154 粉尘爆炸 dust explosion

固体的细微粉尘或烟雾，如果分散在空气等助燃性气体中，当达到一定浓度时，被着火源点着而引起的爆炸。

02.155　雾滴爆炸　mist explosion

可燃液体的雾滴与助燃性气体（如空气）形成混合物后在点火源的作用下发生的爆炸。

02.156　蒸气云爆炸　vapor cloud explosion

由于气体或易挥发的液体燃料的大量泄漏、与周围空气混合，形成覆盖很大范围的可燃气体混合物，在点火能量作用下产生的爆炸。

02.157　塞韦索事故　Seveso accident

1976年7月10日，意大利塞韦索的伊克梅萨（ICMESA）化工厂的TBC（1,2,3,4-四氯苯）加碱水解反应釜，在TBC经水解生成TCP（三氯苯酚）的中间体——2,4,5-三氯酚钠时，反应由于放热失控，引起压力过高，导致安全阀失灵而发生爆炸。逸出的TCP中含有剧毒化学品二噁英，造成严重的环境污染，使多人中毒。塞韦索事故的发生，极大地提升了大众对工业安全（尤其是毒性反应物质）重要性的认识与了解。欧洲共同体（简称“欧共体”）在1982年6月颁布了《工业活动中重大事故危险法令》（82/501/EEC），即《塞韦索法令》。该法令列出了180种危险化学品物质及其临界量标准。1996年12月欧共体对82/501/EEC进行了修订，通过了《塞韦索法令二》（96/82/EC）。

02.158　博帕尔事故　Bhopal accident

1984年12月3日凌晨，位于印度博帕尔市的美国联合碳化物有限公司农药厂发生异氰酸甲酯泄漏的事件。约4000名居民中毒死亡，20万人深受其害。该事故是由于120～240gal（加仑）[1gal(US)＝3.78543L] 水进入异氰酸甲酯储罐引起放热反应，致使压力升高，防爆膜破裂。博帕尔事故被称为相关立法和环境政策的分水岭。为警示农药危害，国际农药组织将每年的12月3日确定为“世界无农药日”。事故发生国印度于1986年出台了综合性的《环境（保护）法》。1987年，印度对1948年颁布的《工厂法》做出大幅修改，引入了高危险性工业必须能有效应对其给工人和工厂邻近地区公众造成的风险与危险的规范。1991年，印度颁布了《大众责任保险法》。美国国会于1986年通过了《应急计划与公众知情法案》（EPCRA），美国职业安全和卫生管理局（OSHA）于1992年颁布了《过程安全管理标准》，美国环境保护署（EPA）于1996年颁布了《风险管理程序》。

02.159　弗利克斯伯勒爆炸事故　Flixborough accident

1974年6月1日16时，位于英国弗利克斯伯勒的耐普罗（NYPRO）公司发生环己烷蒸气云爆炸的事故。造成厂内28人死亡，36人受伤，厂外53人受伤，经济损失达2.544亿美元。英国应急计划起源于20世纪70年代，弗利克斯伯勒爆炸事故后，英国设立了重大危险咨询委员会，负责研究重大危险的辨识、评价技术和控制措施，首次提出了应急计划概念。

02.160　北海阿尔法平台爆炸事故　Alpha Platform accident

1988年7月6日22时，英国北海阿尔法平台天然气生产平台发生爆炸，约20分钟后发生第二次爆炸，其后又发生一系列爆炸，造成165人死亡。该事故是由于一个已拆下安全阀的泵被当作备用泵起动，液化石油气从未上紧的盲板法兰处泄漏，遇明火发生爆炸。该事故后，英国健康安全委员会新设海上安全局，专门负责管理海上石油作业安全工作。1989~1996年，英国政府相继颁布了近20部工业安全相关法律法规，包括管理、设计建造、安全检查、事故报告、防火及应急、劳保用品以及员工培训等。

02.161　邦斯菲尔德油库火灾事故　Buncefield accident

2005年12月11日凌晨，英国伦敦东北部的邦斯菲尔德油库由于充装过量发生汽油泄漏，并最终引发爆炸和持续 60 多小时的大火。事故摧毁了 20 个储罐，造成 43 人受伤，直接经济损失 2.5 亿英镑，为欧洲迄今为止最大的火灾爆炸事故。

02.162 得克萨斯炼油厂蒸气云爆炸事故 Texas Refinery accident

2005 年 3 月 23 日 13 时 20 分左右，英国石油公司（BP）在美国得克萨斯州（Texas）炼油厂的异构化装置发生的爆炸事故。15 名工人被当场炸死，170 余人受伤，直接经济损失超过 15 亿美元。该事故是由于操作工人的错误操作，造成烃分馏液面温度高出控制温度 25°F*，操作工人对阀门和液面的检查粗心大意，没有及时发现液面超标，结果液面过高导致分馏塔超压，大量物料进入放空罐，气相组分从放空烟囱溢出后发生爆炸。

02.163 深水地平线平台火灾爆炸事故 deepwater horizon accident

2010 年 4 月 20 日 21 时 49 分，英国石油公司（BP）在美国墨西哥湾的深水地平线钻井平台发生爆炸并起火，并于 22 日沉入海底。事故造成 11 人失踪，17 人受伤，并造成大量原油泄漏污染海域。该事故是由于在固井候凝后，替海水过程中，套管外液柱压力降低，发生溢流，直至井喷。BP 公司为此次事故支付了巨额的环境治理费用和赔款。美国将《外大陆架法案》、《溢油防范、控制和应对管理条例》、《墨西哥湾深水勘探开发许可申请规程》等法规重新修订。

02.164 重庆开县特大井喷事故 Chongqing Kaixian blowout accident

2003 年 12 月 23 日 22 时，位于重庆市开县罗家寨 16H 井发生的天然气井喷失控和 H_2S 中毒事故。造成井场周围居民和井队职工 243 人死亡，2142 人中毒住院，6500 余人被紧急疏散转移，直接经济损失 6432 万元。该事故是由于起钻过程中存在违章操作，钻井液灌注不符合规定造成溢流并导致井喷。该事故发生后，国家安全生产监督管理总局和石油工业标准化技术委员会修改我国的防硫化氢标准，制定了《含硫化氢油气井井下作业推荐做法》；2004 年增补《含硫油气井钻井装备配套、安装和使用规范》、《含硫油气井钻井作业规程》两项行业标准。

02.165 吉林石化双苯厂爆炸事故 Jilin Petrochemical Benzene Plant explosion accident

2005 年 11 月 13 日 13 时 35 分，中国石油吉林石化分公司双苯厂硝基苯精制塔 T102 发生的爆炸事故。造成 8 人死亡，1 人重伤，60 人受伤，直接经济损失 6908 万元。该事故是由操作人员多次违章操作导致的。爆炸后的苯类污染物流入松花江，导致松花江污染。事故发生后，我国“十一五”规划中提出：依法淘汰落后工艺技术，关闭破坏资源、污染环境和不具备安全生产条件的企业。

02.166 个体防护装备 personal protective equipment，PPE

从业人员为防御物理、化学、生物等外界因素伤害所穿戴、配备和使用的各种护品的总称。

02.167 正压式空气呼吸器 self-contained positive pressure respirator

消防员使用的一种呼吸器。该呼吸器利用面罩与佩戴者面部周边密合，使佩戴者呼吸器官、眼睛和面部与外界染毒空气或缺氧环境完全隔离，具有自带压空气源来供给佩戴者呼吸所用的洁净空气，呼出的气体直接排入大气中，对于任一呼吸循环过程，面罩内的压力均大于环境压力。

* (°F) = 9/5(℃) + 32。

02.168 隔绝式呼吸器 self-contained respirator
能使佩戴者呼吸器官与作业环境隔绝，靠本身携带的气源或者依靠导气管引入作业环境以外的洁净气源的呼吸防护装备。

02.169 呼吸防护用品 respiratory protective equipment
防御缺氧空气和尘毒等有害物质吸入呼吸道的防护用品。

02.170 过滤式呼吸防护用品 air-purifying respirator protective equipment
能把吸入的作业环境空气通过净化部件的吸附、吸收、催化或过滤等作用，除去其中有害物质后作为气源的呼吸防护用品。

02.171 化学防护服 chemical protective clothing
用于防止化学物质对人体造成伤害的服装。一般分轻型防护服和重型防护服，轻型防护服一般采用尼龙涂覆聚氯乙烯（PVC）制成；重型防护服一般采用多层高性能防化复合材料制成。

02.172 防油服 oil resistant clothing
防御油污污染的服装。制作材料主要有聚氨酯布、含氟树脂纤维等。

02.173 防静电服 anti-static clothing
为了防止服装上的静电集聚，以防静电织物为面料，按规定的款式和结构缝制的工作服。

02.02 职 业 卫 生

02.174 职业医学 occupational medicine
研究职业性有害因素所致的人体健康损害，包括工作有关疾病、职业病和伤害等的诊断、治疗、康复和劳动能力鉴定的一门临床医学，也是研究预防控制职业性有害因素所引起的人体健康损害的预防医学。

02.175 职业禁忌证 occupational contraindication
劳动者从事特定职业或者接触特定职业性有害因素时，比一般职业人群更易遭受职业危害和罹患职业病或者可能导致原有自身疾病病情加重，或者在从事作业过程中诱发可能导致对劳动者生命健康构成危害的疾病的个人特殊生理或者病理状态。

02.176 接触水平 exposure level
职业活动中劳动者接触某种或多种职业性有害因素的浓度（强度）和接触时间。

02.177 行动水平 action level
工作场所职业性有害因素浓度达到该水平时，用人单位应采取包括监测、健康监护、职业卫生培训、职业危害告知等控制措施。一般是职业接触限值的一半。

02.178 工作场所 workplace
劳动者进行职业活动，并由用人单位直接或间接控制的所有工作地点。

02.179 能量代谢率 energy metabolic rate
从事某工种的劳动者在工作日内各类活动（包括休息）的能量消耗的平均值。以单位时间内（每分钟）每平方米体表面积的能量消耗值表示。

02.180 生产性噪声 industrial noise
在生产过程中产生的噪声。按噪声的时间分布分为连续声和间断声。声级波动＜3dB(A)的噪声为稳态噪声，声级波动≥3dB（A）的噪声为非稳态噪声；持续时间≤0.5s，间隔时间＞1s，声压有效值变化为 40dB（A）的噪声为脉冲噪声。

02.181 噪声作业 work exposed to noise
存在有损听力、有害健康或有其他危害的声音，且 8h/d 或 40h/w 噪声暴露等效声级≥80dB（A）的作业。

02.182　手传振动　hand-transmitted vibration

又称"手臂振动"。生产中使用振动工具或接触受振动工件时，直接作用或传递到人手臂的机械振动或冲击。

02.183　日接振时间　daily exposure duration to vibration

工作日中使用手持振动工具或接触受振工件的累积接振时间。

02.184　湿球黑球温度指数　wet-bulb globe temperature index

又称"WBGT指数（WBGT index）"。综合评价人体接触作业环境热负荷的一个基本参量。室外WBGT指数＝自然湿球温度（℃）×0.7＋黑球温度（℃）×0.2＋干球温度（℃）×0.1；室内 WBGT 指数＝自然湿球温度（℃）×0.7＋黑球温度（℃）×0.3。

02.185　有害效应　harmful effect

机体因接触有毒有害物质而产生或出现的不良健康效应或毒作用效应。

02.186　照明　illumination

在无天然光或天然光不足时采用人工光源满足所需照度的措施。

02.187　职业接触限值　occupational exposure limit，OEL

劳动者在职业活动过程中长期反复接触，对绝大多数接触者的健康不引起有害作用的容许接触水平，是职业性有害因素的接触限制量值。化学有害因素的职业接触限值包括时间加权平均容许浓度、短时间接触容许浓度和最高容许浓度三类。

02.188　生物接触限值　biological exposure limit，BEL

对接触的生物材料中有毒物质或其代谢、效应产物等规定的最高容许量。

02.189　最高容许浓度　maximum allowable concentration，MAC

在一个工作日内、任何时刻和任何工作地点有毒化学物质均不应超过的浓度。

02.190　时间加权平均容许浓度　permissible concentration-time weighted average，PC-TWA

以时间为权数规定的8h工作日、40h工作周的平均容许接触浓度。

02.191　短时间接触容许浓度　permissible concentration-short term exposure limit，PC-STEL

在遵守时间加权平均容许浓度的前提下容许短时间（15min）接触的浓度。

02.192　超限倍数　excursion limits，EL

对未制定短时间接触容许浓度的化学有害因素，在符合8h时间加权平均容许浓度的情况下，任何一次短时间（15min）接触的浓度均不应超过的时间加权平均容许浓度（PC-TWA）的倍数值。

02.193　噪声职业接触限值　occupational exposure limit for noise in the workplace

几乎所有作业者反复接触不引起听力或正常语言理解力有害效应的噪声声压级和接触持续时间。

02.194　体力劳动强度指数　intensity index of physical work

区分体力劳动强度等级的指数。

02.195　体力劳动方式系数　pattern coefficient of physical work

在相同体力强度下，不同劳动方式引起的生理反应的系数。在计算体力劳动强度指数时，"搬"的方式系数为1，"扛"的方式系数为0.40，"推/拉"的方式系数为0.05。

02.196　体力劳动性别系数　gender-specific coefficient of physical work

相同体力强度引起的男女不同生理反应的系数。在计算体力劳动强度指数时，男性系数为 1，女性系数为 1.3。

02.197　立即威胁生命或健康的浓度　immediately dangerous to life or health concentration，IDLH

对生命立即或延迟产生威胁，或能导致永久性健康损害，或影响准入者在无助情况下从密闭空间逃生的有害物质浓度。某些物质对人产生一过性的短时影响，甚至很严重，受害者未经医疗救治而感觉正常，但在接触这些物质后 12～72h 可能突然产生致命后果，如氟烃类化合物。

02.198　空气监测　air monitoring

在一段时期内，通过定期（有计划）地检测工作场所空气中有害物质的浓度，以评价工作场所的职业卫生状况和劳动者接触有害物质的程度及可能的健康影响。

02.199　总粉尘　total dust

可进入整个呼吸道（鼻、咽和喉、胸腔支气管、细支气管和肺泡）的粉尘。通过口鼻进入呼吸道的为可吸入性粉尘，能够到达肺泡区（无纤毛呼吸性细支气管、肺泡管、肺泡囊）的粉尘为呼吸性粉尘。

02.200　石棉纤维　asbestos fiber

具有纤维状结构的硅酸盐矿物，分两大类。蛇纹石类、闪石类。石棉纤维是指直径＜3μm，长度＞5μm 且长度与直径比＞3∶1 的纤维。

02.201　粉尘分散度　dust dispersity

粉尘的粒径分布或粉尘粒径的频率分布。分散度可按粒径大小分组的质量百分数或数量百分数表示，前者称为质量分散度，后者称为数量分散度。分散度高，表示小粒径的粉尘占的比例大；分散度低，表示小粒径的粉尘占的比例小。在职业卫生监测中，常用的粉尘分散度测定方法是用显微镜直接观察测得的投影粒径计算的数量分散度。

02.202　空气动力学直径　aerodynamic diameter

某种粉尘粒子，无论其直径大小、密度及几何形状如何，在静止或层流空气中，其沉降速度若与一种密度为 $1g/cm^3$ 的球形粒子相同，则该球形粒子的直径即为此粉尘粒子的空气动力学直径。

02.203　8h 等效声级　normalized continuous A-weighted sound pressure level equivalent to an 8h-working-day，$L_{ex,8h}$

全称“按额定 8h 工作日规格化的等效连续 A 计权声压级”。将一天实际工作时间内接触的噪声强度等效为工作 8h 的等效声级标准。

02.204　40h 等效声级　normalized continuous A-weighted sound pressure level equivalent to a 40h-working-week，$L_{ex,w}$

全称“按额定每周工作 40h 规格化的等效连续 A 计权声压级”。非每周 5 天工作制的特殊工作场所接触的噪声声级等效为每周工作 40h 的等效声级。

02.205　黑球温度　black globe temperature

包括周围的气温、热辐射等综合因素，间接地表示了人体对周围环境所感受辐射热的状况。

02.206　平均辐射温度　mean radiation temperature

环境四周表面对人体辐射作用的平均温度。其数值可由各表面温度及人与表面位置关系的角系数确定或用黑球温度计算得到。

02.207　接触时间率　exposure time rate

劳动者在 1 个工作日内实际接触高温作业的累计时间与 8h 的比率。

02.208 建设项目职业病危害预评价 pre-evaluation of occupational hazard in construction project

对可能产生职业病危害的建设项目，在可行性论证阶段，对可能产生的职业病危害因素、危害程度、对劳动者健康影响、防护措施等进行预测性卫生学分析与评价，确定建设项目的职业病危害类别及防治方面的可行性，为职业病危害分类管理提供科学依据的工作。

02.209 建设项目职业病防护设施设计审查 examination of occupational hazard protective facility design in construction project

对可能产生严重职业病危害的建设项目的职业病防护设施设计所进行的审查。

02.210 建设项目职业病危害控制效果评价 effect evaluation of occupational hazard control in construction project

建设项目在竣工验收前，对工作场所职业病危害因素、职业病危害程度、职业病防护措施及效果、健康影响等做出的综合评价。

02.211 全年主导风向 annual prevailing wind direction

累年全年各风向中最高频率的风向。

02.212 夏季主导风向 summer prevailing wind direction

累年夏季各风向中最高频率的风向。

02.213 风玫瑰图 wind rose diagram

在极坐标底图上点绘出的某一地区在某一时段内各风向出现的频率或各风向的平均风速的统计图。前者为“风向玫瑰图”，后者为“风速玫瑰图”。

02.214 工业通风 industrial ventilation

对生产过程的余热、余湿、粉尘和有害气体等进行控制和治理而进行的通风。

02.215 全面通风 general ventilation

采用自然或机械的方法，对某一空间进行换气，以创造卫生、安全等适宜空气环境的技术，对整个房间进行通风的方式。

02.216 事故通风 accident ventilation

用于排除或稀释生产房间内发生事故时突然散发的大量有害物质、有爆炸危险的气体或蒸气的通风方式。

02.217 警示标识 warning sign

通过采取图形标识、警示线、警示语句或组合使用，对工作场所存在的各种职业危害进行标识，以提醒劳动者或行人注意周围环境，避免危险发生的方法。

02.218 职业健康促进 occupational health promotion

采取综合干预措施，以改善作业条件，改变劳动者不健康生活方式和行为，控制健康危险因素，预防职业病，减少工作有关疾病的发生，促进和提高劳动者健康和生命质量的活动。

02.219 劳动强度 work intensity

劳动的繁重和紧张程度的总和。

02.220 劳动时间率 working time rate

劳动者在一个工作日内实际工作时间与日工作时间（8h）的比率。以百分率表示。

02.221 工效学 ergonomics

以人为中心，研究人、机器设备和工作环境之间的相互关系，实现人在生产劳动及其他活动中的健康、安全、舒适和高效的一门学科。

02.03 环 境 保 护

02.222　生态保护红线　ecological protection red line

在自然生态服务功能、环境质量安全、自然资源利用等方面，以维护国家和区域生态安全及经济社会可持续发展、保障人民群众健康为目的，实行严格保护的空间边界与管理限值。

02.223　生态安全　ecological safety

人类在生产、生活和健康等方面不受生态破坏与环境污染等影响的保障程度。包括饮用水与食物安全、空气质量与绿色环境等基本要素。

02.224　生态修复　ecological restoration

对生态系统停止人为干扰，以减轻负荷压力，依靠生态系统的自我调节能力与自组织能力使其向有序的方向进行演化，或者利用生态系统的这种自我恢复能力，辅以人工措施，使遭到破坏的生态系统逐步恢复或使生态系统向良性循环方向发展。

02.225　生态破坏　ecology destroying

人类不合理地开发、利用造成森林、草原等自然生态环境遭到破坏，从而使人类、动物、植物的生存条件发生恶化的现象。如水土流失、土地荒漠化、土壤盐碱化、生物多样性减少等。

02.226　环境行政许可　environmental administrative licensing

行政主管部门根据相对人的申请，经审查依法做出准许或不准许相对人从事某种活动的行政决定。

02.227　取水许可制度　water-drawing permit system

直接从地下或者江河、湖泊取水的用水单位，必须向相关审批机关提出取水申请，经审查批准，获得取水许可证或取得其他形式的批准文件后方可取水的制度。

02.228　合同环境服务　environment service contract

环境服务商对污染企业或政府提供合同式综合服务，并以最终的环境治理效果收取服务费。

02.229　环境第三方治理　third-party environment management

排污者按合同约定支付费用，委托环境服务公司进行污染治理的模式。

02.230　环境应急管理　environmental emergency management

政府及相关部门为防范和应对突发环境事件而进行的一系列有组织、有计划的管理活动。包括针对突发环境事件的预防、预警、处置、恢复等动态过程。

02.231　突发环境事件　abrupt environmental accident

由于违反环境保护法规的经济、社会活动与行为，以及意外因素或不可抗拒的自然灾害等原因在瞬时或短时间内排放有毒、有害污染物质，致使地表水、地下水、大气和土壤环境受到严重的污染和破坏，对社会经济与人民生命财产造成损失的恶性事件。

02.232　环保“三同时”　environmental protection “three simultaneousness”

对环境有影响的一切新建、改建、扩建的基本建设项目、技术改造项目、区域开发项目或自然资源开发项目，其防治污染和生态破坏的设施必须与主体工程同时设计、同时建设、同时投产。

02.233　环境保护目标责任制　environmental protection objective responsibility system

通过签订责任书的形式，具体落实到地方各

级人民政府和有污染的单位对环境质量负责的行政管理制度。

02.234　环境影响评价　environmental impact assessment

对规划和建设项目实施后可能造成的环境影响进行分析、预测和评估，提出预防或减轻不良环境影响的对策和措施，进行跟踪监测的方法和制度。要由具有相应资质的机构在项目可行性研究阶段完成。

02.235　环境污染责任保险　environmental pollution liability insurance

以企业发生污染事故对第三者造成的损害依法应承担的赔偿责任为标的的保险。

02.236　环境保护税　environmental protection tax

逐渐减少环保政策直接干预的手段，采用生态税、绿色环保税等特指税种来维护生态环境，针对污水、废气、噪声和废弃物等突出的“显性污染”进行强制征税。

02.237　环境行政执法　administrative enforcement of environmental law

依法具有环境管理权的行政主体，依职权使用法律手段对环境行政相对人采取的直接影响其权利义务的环境行政行为，并进行其他环境监督管理的活动。

02.238　环境公益诉讼　environmental nonprofit litigation

自然人、法人或其他组织的违法行为或不作为，使环境公共利益遭受侵害或即将遭受侵害时，法律允许其他的法人、自然人或社会团体为维护公共利益而向人民法院提起的诉讼。

02.239　环境行政监督　environmental administrative supervision

以国家环境政策、法律、法规和标准为依据，运用国家法律赋予的权力和地方政府授予的行政管理权限，以环保部门为主体，在有关部门的配合下对环境质量的监测和对一切影响环境质量行为的监察。

02.240　环境行政审计　environmental administrative audit

由国家审计机关通过对被审计单位的与环境开发、利用、保护等相关的财政、财务收支的真实性、合法性及经济效益状况等的审查、核实、评价活动，对被审计单位是否遵守执行相关的环境法律、法规、规章，是否较好地履行法定或者约定的环境保护义务所实施的专门性监督。

02.241　环境绩效审计　environmental performance audit

由国家审计机关、内部审计机构和社会审计组织依法对被审计单位的环境管理系统以及在经济活动中产生的环境问题和环境责任进行监督和评价，以实现对受托责任履行过程进行控制的一种活动。

02.242　区域环境审计　regional environmental audit

一定的审计组织对某一特定区域内环境保护的管理及其成果进行的独立监督和评价。

02.243　环境行政调解　environmental administrative mediation

由环境行政主体主持的，促使环境民事纠纷双方当事人依据环境法律规定，在自愿原则下达成协议、解决纠纷的行政司法活动。

02.244　排污权交易　emissions trading

在一定区域内，污染物排放总量不超过允许排放量的前提下，污染源排放主体之间，通过货币交换的方式相互调剂排污量，从而达到减少污染、保护环境的目的。

02.245　排污权质押贷款　emission right pledge loan

借款人以有偿取得的排污权为质押物，在

遵守国家有关金融法律、法规和信贷政策前提下，向贷款银行申请获得贷款的融资活动。

02.246 排污申报登记制度 pollution discharge reporting and registration system

由排污者向环境保护行政主管部门申报其污染物的排放和防治情况，并接受监督管理的一系列法律规范构成的规则系统。

02.247 生产者责任延伸制度 extended producer responsibility system

将产品生产者的责任延伸到其产品的整个生命周期，特别是产品消费后的回收处理和再生利用阶段，使生产者承担废弃产品的回收、处置等有关的法律义务，促进改善产品全部生命周期内的环境影响状况的一种环境保护制度。

02.248 环境基准 environmental criteria

环境污染物对特定对象（人或其他生物）不产生不良或有害影响的最大剂量或浓度。

02.249 环境质量标准 environmental quality standard

在一定时间和空间范围内，对各种环境介质（如大气、水、土壤等）中的有害物质和因素所规定的容许容量和要求。是衡量环境是否受到污染的尺度，以及有关部门进行环境管理、制定污染排放标准的依据。

02.250 国家污染物排放标准 national pollutant emission standard

国家对人为污染源排入环境的污染物的浓度或总量所作的限量规定。其目的是通过控制污染源排污量的途径来实现环境质量标准或环境目标。

02.251 地方污染物排放标准 local pollutant emission standard

省、自治区、直辖市人民政府对国家污染物排放标准中未作规定的项目，可以制定地方污染物排放标准。对国家污染物排放标准中已作规定的项目，可以制定严于国家污染物排放标准的地方污染物排放标准。而地方污染物排放标准须报国务院环境保护行政主管部门备案。

02.252 水质综合污染指数 comprehensive pollution index of water quality

在单项污染指数评价的基础上计算得到的一种算术平均数型的水质指数。一般选取pH、溶解氧、高锰酸盐指数、生化需氧量、氨氮、挥发酚、汞、铅、石油类共计 9 项具有代表性的特征污染物。

02.253 空气污染指数 air pollution index

将常规监测的几种空气污染物浓度简化成为单一的概念性指数值形式，并分级表征空气污染程度和空气质量状况。适合于表示城市的短期空气质量状况和变化趋势。

02.254 大气环境质量标准 atmospheric quality standard

规定了大气环境中的各种污染物在一定的时间和空间范围内的容许含量的标准。

02.255 环境噪声标准 environmental noise standard

以保护人的听力、睡眠休息、交谈思考为依据，一般参照国际标准化组织（ISO）推荐的基数，并根据本国和地方的具体情况而制定的噪声标准。

02.256 水环境质量标准 water quality standard

为保护人体健康和水的正常使用而对水体中污染物或其他物质的最高容许浓度所作的规定。

02.257 第一类污染物 category Ⅰ pollutant

能在环境中或动物体内蓄积、对人体健康产

生长远不良影响的污染物质。主要包括总汞、烷基汞、总镉、总铬、六价铬、总砷、总铅、总镍、苯并［a］芘、总铍、总银、总 α 放射性（射线）、总 β 放射性（射线），共 13 项。

02.258　第二类污染物　category Ⅱ pollutant

长远影响小于第一类污染物质的污染物。主要包括 pH、色度、悬浮物、化学需氧量、石油类、挥发酚、总氰化物、硫化物、氨氮等共计 56 项。

02.259　无组织排放　fugitive emission

大气污染物不经过集中汇集的无规则排放。

02.260　恶臭污染物　odor pollutant

一切刺激嗅觉器官引起人们不愉快及损害生活环境的气体物质。

02.261　臭气浓度　odor concentration

恶臭气体（包括异味）用无臭空气进行稀释，稀释到刚好低于嗅阈值时所需的稀释倍数。

02.262　嗅阈值　threshold odor number

人的嗅觉器官对某种有气味物质的最低检出量或能感觉到的最低浓度。

02.263　厂界　boundary

法律文书（如土地使用证、房产证、租赁合同等）中确定的业主所拥有使用权（或所有权）的场所或建筑物边界。

02.264　偶发噪声　sporadic noise

偶然发生、发生的时间和间隔无规律、单次持续时间较短、强度较高的噪声。如短促鸣笛声、工程爆破噪声等。

02.265　频发噪声　frequent noise

频繁发生、发生的时间或间隔有一定规律、单次持续时间较短、强度较高的噪声。如排气噪声、货物装卸噪声等。

02.266　固体废物　solid waste

在生产、生活和其他活动中产生的丧失原有利用价值或者虽未丧失利用价值但被抛弃或者放弃的固态、半固态和置于容器中的气态的物品、物质以及法律、行政法规规定纳入固体废物管理的物品、物质。

02.267　一般工业固体废物　general industrial solid waste

未被列入《国家危险废物名录》或者根据国家规定的 GB 5085 鉴别标准和 GB 5086 及 GB/T 15555 鉴别方法判定不具有危险特性的工业固体废物。

02.268　储存场　storage site

将一般工业固体废物置于符合 GB 18599 规定的非永久性的集中堆放场所。

02.269　放射性污染　radioactive contamination

由放射性物质释放的放射线造成的污染。

02.270　放射性固体废物　radioactive solid waste

具有对大气及生态环境、人类健康等能造成损害或危害的放射性的固体废物。

02.271　环境信息公开　environmental information disclosure

依据和尊重公众知情权，政府和企业以及其他社会行为主体向公众通报和公开各自的环境行为以利于公众参与和监督。

02.272　产业环保政策　industrial environmental policy

政府为了保护环境和生态平衡，合理利用自然资源，防治工业污染所采取的由行政措施、法律措施和经济措施所构成的政策体系。

02.273　区域限批　regional restricted approval

环保部门对某一地区或行业所有新建、扩

建、改建项目的环保审批。

02.274 减量化 waste reduction
在生产、流通和消费等过程中减少资源消耗和废弃物产生。

02.275 资源化 resourcezation
将废弃物直接作为原料进行利用或者对废弃物进行再生利用。

02.276 无害化 harmlessness
以物理、化学或生物的方法，对被污染的事物进行适当的处理，防止不合格产品和不符合质量安全标准的产品流入市场和消费领域，确保其对人类健康、动植物和微生物安全、环境不构成危害或潜在危害。

02.277 源削减 source reduction
在进行再生利用、处理和处置以前，减少流入或释放到环境中的任何有害物质、污染物或污染成分的数量；减少与这些有害物质、污染物或组分相关的对公共健康与环境的危害。

02.278 污染源分级控制 pollution multi-level control
将不同污染源按照一定的标准分成不同控制级别的措施。

02.279 清污分流 effluent segregation
将污染程度不同或来源、种类及污染因子不同的水体分开，分质分类处理，以减少外排污染物量，降低水处理成本的方法。

02.280 污物分治 source-separated sewage treatment
根据不同来源、种类及污染因子的排放污水中污染物的各自特点，有针对性地采取不同的治理技术分别进行处理，直接做到达标排放或根据处理情况再将不同的废水按比例混合后进行处理，使污水达标排放。

02.281 总量控制 total amount control
在一定时段和一定区域内以控制排污单位排放污染物总量为核心的环境管理方法体系。包括排放污染物的总量、地域范围和时间跨度。

02.282 末端治理 end treatment
在生产过程的末端，针对产生的污染物开发并实施有效的治理技术，使污染物对自然界及人类的危害降低。

02.283 清洁生产技术 cleaner production technology
在生产同类产品的过程中，相对使污染物产生量更少和毒性更低、物耗和能耗更低的技术。包括使用清洁的原料和能源、采用先进的工艺技术和设备等方面。

02.284 环境标志产品 environmental labelling product
与同类产品相比，在满足使用、安全、卫生等基本性能要求的基础上，符合特定的环境保护要求、环境行为更加优越的产品。

02.285 清洁生产导向目录 cleaner production oriented directory
由国务院清洁生产综合协调部门会同国务院环境保护、工业、科学技术、建设、农业等有关部门定期发布的清洁生产技术、工艺、设备和产品导向目录。

02.286 清洁生产指南 cleaner production guideline
由国务院清洁生产综合协调部门会同国务院环境保护、工业、科学技术、建设、农业等有关部门针对重点行业或者地区组织编制，指导实施清洁生产。

02.287 清洁生产评价指标体系 cleaner production evaluation index system
为评价企业清洁生产水平，指导和推动企业依法实施清洁生产而制定的一套或多套评价体系。

02.288 清洁生产审核 cleaner production audit

按照一定程序，对生产和服务过程进行调查和诊断，建立物料平衡、水平衡、资源平衡以及污染因子平衡，找出能耗高、物耗高、污染重的原因，提出减少有毒有害物料的使用、产生，降低能耗、物耗及废物产生的方案，进而选定技术经济及环境可行的清洁生产方案的过程。

02.289 强制性清洁生产审核 mandatory cleaner production audit

对污染物排放超过国家和地方排放标准，或者污染物排放总量超过地方人民政府核定的排放总量控制指标的污染严重企业，或使用有毒有害原料进行生产或者在生产中排放有毒有害物质的企业应当实施的强制审核措施。

02.290 自愿性清洁生产审核 voluntary cleaner production audit

污染物排放达到国家或者地方排放标准的企业，可以自愿组织实施清洁生产审核，提出进一步节约资源、削减污染物排放量的目标。

02.291 清洁生产审核程序 cleaner production audit program

原则上包括审核准备，预审核，审核，实施方案的产生、筛选和确定，编写清洁生产审核报告等。

02.292 清洁生产方案 cleaner production option

在进行清洁生产工作过程中，对物料流失、资源浪费、污染物产生和排放进行分析，提出的具体计划或实施方案。

02.293 持续清洁生产 sustainable cleaner production

长期、持续地推行清洁生产，保证企业或项目实施清洁生产取得的效果得到延续，并通过不断地改进措施以满足不断提高的各方面要求，实现降低成本、增强管理能力、提高产品质量、减少环境污染的最终目的。

02.294 清洁生产审核评估验收 assessment and acceptance of cleaner production audit

按照一定程序对企业清洁生产审核过程的规范性，审核报告的真实性，以及清洁生产方案的科学性、合理性、有效性等进行评估，对企业通过清洁生产审核后的实施情况和效果进行验证、核实，并做出结论性意见的工作。

02.295 作业废水 operation waste water

特指在采油作业中，由洗井、压裂、酸化等工序排放的废水。其中产生量最大的是洗井废水。

02.296 钻井废水 drilling waste water

钻井井场泥浆池中上部的废水。实际上是钻井泥浆高倍稀释的产物。

02.297 采油废水 oil extraction waste water

油田采油过程中，除作为回注、工艺回掺或其他用途等生产用水以外，需外排的废水。

02.298 油田采出水 oilfield produced water

油田开采过程中产生的含有原油的水。经净化处理后可重新注回油层作驱油剂使用，是注水水源之一。

02.299 采出水处理系统 produced water treatment system

对油田采出水（包括少量洗井、井下作业废水及采出水处理设备反冲洗排水等）进行净化处理，使其达到生产用回注水、工艺回掺水或其他用途水质要求的一系列水处理设施。

02.300 石油炼制工业废水 petroleum refining industry waste water

石油炼制工业生产过程产生的废水。包括工艺废水、污染雨水（与工艺废水混合处理）、生活污水、循环冷却水排污水、化学水制水排污水、蒸汽发生器排污水、余热锅炉排污水等。

02.301 电脱盐排水 electric desalting drainage
特指原油经电脱盐过程所排的废水。包括原油的自身携带水和为溶解原油中的无机盐而向装置注入的水。

02.302 含盐污水 salt-containing waste water
特指电脱盐排水、部分炼油厂碱渣综合利用时的中和水、来自油品碱洗后的水洗水、催化剂再生时的水洗水。

02.303 含硫污水 sour sewage
特指主要来自生产装置的轻质油油水分离罐、富气水洗罐、液态烃水洗罐等的污水。

02.304 含油废水 oily waste water
生产装置的油水分离器排水、油品水洗水、机泵轴封冷却水，地面冲洗水、油罐的切水及清洗水、含油雨水、循环场排污、化验室排水等。

02.305 含碱废水 alkali-containing waste water
特指重整催化剂再生中产生含氯酸性气体，在气体中注入水及10%的氢氧化钠（NaOH）溶液，使其与酸性气发生中和反应，保证再生气循环使用而不致对再生器产生腐蚀，由此而产生的废水。

02.306 含酚废水 phenol-containing waste water
当工艺水与物料一起在系统中循环时，其中会含有少量有机成分（主要为酚类），为了除去工艺水中杂质以保证稀释蒸汽质量并减少对设备腐蚀，需对工艺水先进行汽提，并由塔底排出的废水。

02.307 酸碱废水 acidic and alkaline waste water
某些装置产生的工艺污水，其pH过高或过低，构成工艺酸碱污水。含较低浓度的硫酸、硝酸、盐酸、磷酸、有机酸等酸性物质的废水称酸性废水；含较低浓度的苛性钠、碳酸钠、氢氧化钠、氨等碱性物质的废水称碱性废水，两者合称酸碱废水。

02.308 冷凝水 condensate water
生产装置加热用蒸汽冷凝后的排水。

02.309 汽提净化水 stripping purified water
特指采用蒸汽汽提塔净化废水，使废水与水蒸气直接接触，废水中的挥发性有毒有害物质从废水中分离到气相中后，得到的达到一定净化标准的水。

02.310 油罐切水 oil tank water
主要来自罐区原料罐、燃料油罐分离出的废水。

02.311 地面冲洗水 floor flushing water
用水冲洗地面清扫污染物产生的污水。主要包括在生产过程及检查维修时，机泵及装置排空、吹扫、清洗时的排水及地面冲洗水。这部分水组分复杂，化学需氧量浓度可达每升数千毫克。为高浓度有机废水。

02.312 初期雨水 initial rainwater
降雨初期时的雨水。一般是指地面10～15mm厚已形成地表径流的降水。由于降雨初期，雨水溶解了空气中的大量酸性气体、汽车尾气、工厂废气等污染性气体，降落地面后，又由于冲刷屋面、沥青混凝土道路等，使得前期雨水中含有大量的污染物质，前期雨水的污染程度较高，甚至超出普通城市污水的污染程度。

02.313 生活污水 domestic sewage
主要来自厂内生活设施的排水。如办公楼卫生间、食堂等。

02.314 乳化液废水 emulsion waste water
工业过程中产生的乳化状态的废水。主要含有机油和表面活性剂，化学需氧量和含油量高。

02.315　难生物降解污水　difficultly biodegradable waste water

难以通过生化方法治理的污水。一般指污水中的污染物在通常的工艺和环境条件下，难以通过微生物的生化作用分解为碳源、能源和无害物质。

02.316　污水处理与回用系统　waste water treatment and reuse system

为使污水达到排入某一水体或再次使用的水质要求而对其进行净化处理时所采用的一系列设备或设施的组合。

02.317　预处理　pretreatment

为满足污水处理场进水水质的要求，在进入污水处理场前，针对某些特殊污染物进行的处理。

02.318　集中处理　centralized treatment

废水在进行了有针对性的预处理后，再集中起来，根据其水质、水量和排放标准及总量控制的要求，进行综合处理，实现达标排放。

02.319　二级处理　secondary treatment

污水经预处理后，为进一步去除水中悬浮细微颗粒和溶解性污染物，而采用的生物处理或其他处理工艺。

02.320　深度处理　advanced treatment

污水经预处理、二级处理后，为了达到更加严格的排放标准或为满足污水回用要求，进一步处理水中污染物的过程。

02.321　含硫污水汽提　sour water stripping

含硫污水与水蒸气直接接触，使废水中的硫化氢、氨等挥发性有毒有害物质从水相转至气相的过程。

02.322　汽提　steam stripping

用蒸汽作为解吸剂来推动污水中挥发性污染物向气相传递，从污水中分离污染物的过程。

02.323　吹脱　blow-off method

利用空气通过水层（或与水接触）时使溶解于水中的挥发性污染物质进入气相，而使水得到净化的水处理过程。

02.324　吸附　adsorption

在相界面上，物质的浓度自动发生累积或浓集的现象。在污水处理中主要利用固体物质表面对污水中物质的吸附作用。

02.325　破乳　demulsification

将乳化废水油水分离的过程。

02.326　隔油　oil separation

利用油与水的密度差异，分离去除污水中悬浮状态油类的过程。

02.327　粗粒化　coarse graining

利用材料对油珠的聚结作用，使废水中的微小油珠结成大油珠，达到油水分离目的的方法。

02.328　气浮　air floatation

空气微气泡与油污颗粒结合，增大油污颗粒的浮力，使含油污水中的油污迅速分离的处理方法。

02.329　加压溶气气浮　pressurized dissolvedair floatation

空气在一定压力作用下溶解于水中，达到饱和状态后再急速减压释放，空气以微气泡逸出时与水中杂质接触使其上浮的处理方法。

02.330　散气气浮　fall off floatation

用机械方法破碎空气产生大量微气泡完成气浮的工艺。包括扩散板曝气气浮法和叶轮曝气气浮法两种。

02.331　中和　neutralization

用化学法去除水中过量的酸碱，使其 pH 达到中性的过程。

02.332 调节 regulating
使污水的水量和水质（浓度、水温等指标）实现稳定和均衡，从而改善污水可处理性的过程。

02.333 均质 homogeneous
使污水水质（浓度、水温等指标）实现稳定和均衡的过程。

02.334 生化处理 biochemical treatment
用生化法去除废水中溶解性的可生物降解的有机污染物的处理方法。

02.335 好氧生物处理 aerobic biological treatment
利用好氧微生物（包括兼性微生物）在有氧气存在的条件下进行生物代谢以降解有机物，使其稳定、无害化的处理方法。

02.336 厌氧生物处理 anaerobic biological treatment
利用厌氧微生物的代谢过程在无需提供氧气的情况下，把水中的有机污染物转化为无机物的处理方法。包括厌氧接触法、升流式厌氧污泥床、挡板式厌氧法、厌氧生物滤池、厌氧膨胀床和流化床，以及第三代厌氧工艺膨胀颗粒污泥床和内循环厌氧反应器处理法等。

02.337 活性污泥 activated sludge
在污水处理过程中，微生物经人工强化措施大量繁殖形成的絮状物，是由细菌、原生动物、后生动物形成的共同体。能有效地吸附和降解水中的有机污染物。活性污泥分为好氧活性污泥和厌氧活性污泥，一般情况下指好氧活性污泥。

02.338 活性污泥法 activated sludge process
利用活性污泥进行污水生物处理的一种方法。悬浮态的活性污泥可分解去除污水中的有机污染物，并使污泥与水分离，部分污泥回流至生物反应池，多余部分作为剩余污泥排出活性污泥系统。

02.339 污染负荷 pollution load
在一定时期内进入污水处理厂或排放到纳污水体中的特定污染物的数量。

02.340 污泥负荷 sludge load
生物处理构筑物内单位质量活性污泥在单位时间内去除的有机污染物量。计量单位常以 kg BOD_5/(kg MLSS·d)表示，是生物处理构筑物有机负荷的一种表示方法。

02.341 五日生化需氧量容积负荷 5-day biochemical oxygen demand volume loading rate，BOD 5-volume loading rate
生物处理构筑物单位容积每日承担的五日生化需氧量。计量单位以 kg $BOD_5/(m^3·d)$表示，是生物处理构筑物有机负荷的一种表示方法。

02.342 生物降解性能 biodegradation property
废水中有机污染物的生物降解性能可以用生化需氧量/化学需氧量（BOD/COD）进行大致评价。

02.343 污泥泥龄 sludge retention time，SRT
活性污泥在整个生物处理构筑物中的平均停留时间。

02.344 污泥膨胀 sludge expansion
污泥结构极度松散、体积增大、上浮，难以沉降分离影响出水水质的现象.

02.345 曝气 aeration
通过水与空气接触，进行溶氧或散除水中溶解性气体和挥发性物质的过程。

02.346 硝化 nitrification
污水生物处理工艺中，硝化菌在好氧状态下将氨氮氧化成硝态氮的过程。

02.347　反硝化　denitrification

污水生物处理工艺中，反硝化菌在缺氧状态下将硝态氮还原成气态氮的过程。

02.348　生物脱氮　biological nitrogen removal

利用好氧菌在好氧条件下将污水中的氨氮氧化成硝酸盐氮，再利用厌氧菌在缺氧条件下将硝酸盐氮还原成氮气，从污水中除氮的过程。

02.349　机械表面曝气装置　mechanical surface aerator

利用设在曝气池水面的叶轮或转刷（盘）进行曝气的装置。

02.350　序批式活性污泥法　sequencing batch reactor activated sludge process，SBR

同一反应池（器）中，按时间顺序由进水、曝气、沉淀、排水和待机五个基本工序组成的活性污泥污水处理方法。

02.351　氧化沟活性污泥法　oxidation ditch activated sludge process

反应池呈封闭无终端循环流渠型布置，池内配置充氧和推动水流设备的活性污泥法水处理方法。主要包括单槽氧化沟、双槽氧化沟、三槽氧化沟、竖轴表曝机氧化沟和同心圆向心流氧化沟，变形工艺包括一体氧化沟、微孔曝气氧化沟等。

02.352　膜生物法　membrance biological process

把生物反应与膜分离相结合，以膜为分离介质替代常规重力沉淀固液分离获得出水，并能改变反应进程和提高反应效率的污水处理方法。

02.353　曝气生物滤池　biological aerated filter，BAF

由接触氧化和过滤相结合的一种生物滤池。采用人工曝气、间歇性反冲洗等措施，主要完成有机污染物和悬浮物的去除。

02.354　生物活性炭处理装置　biological active carbon treatment equipment

利用活性炭的物理吸附能力与生长其上的微生物氧化降解作用，处理水的装置。

02.355　生物接触氧化法　biological contact oxidation process

一种好氧生物膜污水处理方法。该系统由浸没于污水中的填料、填料表面的生物膜、曝气系统和池体构成。在有氧条件下，污水与固着在填料表面的生物膜充分接触，通过生物降解作用去除污水中的有机物、营养盐等，使污水得到净化。

02.356　生物流化床　biological fluidized bed

生物膜法的一种构筑物。采用颗粒填料作为载体，微生物生长在载体表面形成生物膜，在水或气的作用下，使载体处于流化状态，附着载体上的生物膜与污水充分接触，使水得到净化。

02.357　生物移动床反应器　moving biological bed reactor，MBBR

污水连续经过的装有移动填料的装置。利用填料上的生物膜净化污水。

02.358　延时曝气　extended aeration

一种活性污泥污水处理工艺。污泥负荷为传统工艺的 1/3，以减少剩余活性污泥量。由于污泥消化低、污泥龄长（约 50 天），剩余污泥通常是稳定的，系统中微生物生长缓慢但较稳定，可以氧化去除其他途径难以降解的物质。

02.359　厌氧–缺氧–好氧活性污泥法　anaerobic anoxic oxic activated sludge process

又称“AAO 法”。通过厌氧区、缺氧区和好氧区的各种组合以及不同的污泥回流方式来去除水中的有机污染物和氮、磷等的活性污泥法污水处理方法。主要变形方法有改良厌氧-缺氧-好氧活性污泥法、厌氧-缺氧-缺氧-好氧活性污泥法、缺氧-厌氧-缺氧-好氧活性污泥法等。

02.360 序批式生物膜反应器 sequencing biofilm batch reactor，SBBR

将活性污泥与生物膜法有机结合的复合式生物膜反应器。

02.361 二次沉淀池 secondary sedimentation tank

设在生物处理构筑物后的用于泥水分离的沉淀池。作用是泥水分离，使混合液澄清、污泥浓缩并将分离的污泥回流到生物处理段。

02.362 升流式厌氧污泥床 upflow anaerobic sludge blanket reactor，UASB

废水通过布水装置依次进入底部的污泥层和中上部的污泥悬浮区，通过上部气、液、固三相分离器排出处理后的废水，并输出所产生的沼气的厌氧反应器。

02.363 两相厌氧反应器 two-phase anaerobic reactor

将产酸反应器和产甲烷反应器两个独立反应器串联运行的设备。

02.364 水解酸化 hydrolytic acidification

在厌氧条件下，使结构复杂的不溶性或溶解性高分子有机物经过水解和产酸，转化为简单低分子有机物的过程。

02.365 厌氧接触法 anaerobic contact process

参照了好氧活性污泥法的工艺过程，在一个厌氧的完全混合反应器后增加了污泥分离和回流装置，从而使污泥停留时间大于水力停留时间，有效地增加了反应器中污泥浓度的方法。

02.366 厌氧生物滤池 anaerobic biological filter

利用生长在固定填料介质上的厌氧微生物降解污水中有机污染物的装置。

02.367 厌氧生物流化床 anaerobic bio-fluidized bed

厌氧条件下处理污水的生物流化床。

02.368 内循环厌氧反应器 internal circulation anaerobic reactor

基于升流式厌氧污泥床（UASB）反应器颗粒化和三相分离器的概念而改进的反应器。具有处理容量高、投资少、占地面积小、运行稳定等特点，被视为第三代厌氧生化反应器的代表工艺之一。

02.369 厌氧膨胀床 anaerobic expansion bed

污水厌氧生物处理的一种构筑物。内填粒径较小的填料，污水从底部流入上部流出，在水和污泥气的共同作用下，填料呈膨胀状态，可增加污泥量和泥龄，提高处理效率。

02.370 混凝 coagulation

投加药剂破坏胶体及悬浮物在液体中形成的稳定分散系，使其聚集并增大至能自然重力分离的过程。

02.371 混凝剂 coagulant

使胶体颗粒脱稳和相互聚结，从而使其快速沉降或更易过滤的药剂。

02.372 电絮凝装置 electric coagulation equipment

利用电化学方法产生氢氧化物作为絮凝剂并与水中污染物反应的混凝装置。

02.373 澄清 clarification

利用接触絮凝作用和沉淀作用实现泥水分离的一种污水处理方式。

02.374 过滤 filtration

利用介质滤除水中杂质的方法。

02.375 氧化塘 oxidation pond

在最后排放前用来存留废水，也可用于处理废水的池。以自然的或人工的方法把空气中的氧通入池中，使有机物发生生物氧化。

02.376 油罐自动切水器 oil tank automatic hydroextractor

用于将油品储罐内水分自动切除的装置。成品或者半成品的油品储存在罐内，其中微量水分会逐渐沉降到罐底。切水时，罐底远离排污阀处的水层，在瞬间排出时很难流到排污阀处，将排污阀门附近的油品携带出。

02.377 过滤法 filtration process

利用具有孔隙的粒状滤料，如石英砂、无烟煤等截留水中杂质，从而使水清澈的工艺。其作用机理是：机械筛滤作用、沉淀作用和接触絮凝作用。过滤可以降低水的浊度和去除部分有机物。

02.378 砂滤 sand filtration

在压力作用下，使待处理水通过沙粒层而将其所含的杂质分离出去的过程。

02.379 微滤 microfiltration，MF

在压力作用下，使待处理水流过孔径 0.05～5μm 的滤膜，截留水中杂质的过程。

02.380 超滤 ultrafiltration，UF

在压力作用下，使待处理水流过孔径 5～100nm 的滤膜，截留水中杂质的过程。

02.381 纳滤 nanofiltration，NF

在压力作用下，用于脱除多价离子、部分一价离子和分子量 200～2000 的有机物的膜分离过程。

02.382 反渗透 reverse osmosis，RO

在膜的原水一侧施加比溶液渗透压高的外界压力，只允许溶液中水和某些组分选择性透过，其他物质不能透过而被截留在膜表面的过程。

02.383 电渗析 electrodialysis，ED

在电场作用下，利用阴、阳离子交换膜对水溶液中阴、阳离子的选择透过性，使离子透过离子交换膜进行迁移的过程。

02.384 高级氧化 advanced oxidation process

通过产生羟基自由基来对污水中不能被普通氧化剂氧化的污染物进行氧化降解的过程。

02.385 臭氧氧化 ozonation

利用臭氧气体作为强氧化剂通入水层中（或与水接触），进行氧化反应去除水中污染物的过程。是高级氧化的一种。

02.386 芬顿试剂 Fenton reagent

由过氧化氢与亚铁离子类组成的具有强氧化性的体系。

02.387 吸附装置 adsorption equipment

利用多孔性固体吸附剂，吸附去除水中的污染物质的装置。

02.388 活性炭吸附装置 activated carbon adsorption unit

用活性炭作为吸附剂进行吸附处理的装置。

02.389 离子交换 ion exchange

溶液中的离子与某种离子交换剂上的离子进行交换的作用或现象。

02.390 软化 softening

去除水中大部分钙、镁离子的过程。

02.391 生物脱臭 biological deodorization

通过微生物的生理代谢将具有臭味的物质加以转化，使目标污染物被有效分解去除，以达到治理恶臭目的的方法。

02.392　污泥驯化　sludge acclimation

利用待处理的废水对微生物种群进行自然筛选并使微生物对污染物质逐步适应的过程。是污水生物处理中经常使用的普通而简易的方法。

02.393　微生物降解　microbiological degradation

污染物经微生物的分解作用而转化为简单无机物的过程。

02.394　燃烧废气　combustion gas

燃料（包括煤、石油、天然气等）燃烧过程产生的废气。

02.395　［工艺］尾气　tail gas

生产过程中产生的本装置无法回收而排出的气体。

02.396　密闭排放系统　closed vent system

不直接与大气连通，通过管道、管网、连接件组成的系统。若有需要，还应有引流装置将一台或者多台设备中的气体或者蒸汽引入控制装置或者返回工艺过程中。

02.397　火炬废气　flare waste gas

火炬燃烧时排放的烟气。主要污染物有炭黑颗粒物、二氧化硫、氮氧化物、一氧化碳、硫化氢、氨和VOC（挥发性有机化合物）等。

02.398　储罐呼吸排气　tank breathing exhaust gas

有机液体储罐内由物料进出储罐的液位改变和由罐内物料的蒸气压随温度变化引起的压力平衡变化等产生的有机废气。

02.399　油气回收　oil vapor recovery

采用吸收、吸附、冷凝、膜分离等技术，对油品装卸和储存过程产生的高浓度挥发油气进行回收和治理，以达到回收利用和减少污染目的的方法。

02.400　油气回收系统　oil vapor recovery system

在汽油密闭储存的基础上，由卸油油气回收系统与加油油气回收系统、在线监测系统和油气排放处理装置中的若干项组成的装置总称。

02.401　油气排放浓度　oil vapor emission concentration

标准状态下（温度273K，压力101.3kPa），排放每立方米油气中所含非甲烷总烃的质量。单位为g/m^3。

02.402　泄漏检测与修复　leak detection and repair，LDAR

对工业生产过程物料泄漏进行检测、控制的系统工程。

02.403　燃烧处理法　combustion treatment

又称“*热力焚烧法*”。通过燃烧或高温分解使有害气体转化为无害物质的方法。

02.404　催化燃烧　catalytic combustion

在催化剂作用下，使废气中的有机物在较低温度条件下催化氧化成CO_2和H_2O等小分子无机物的过程。

02.405　催化燃烧催化剂　catalytic combustion catalyst

用于在较低温度条件下，将废气中的有机物氧化成小分子无机物的催化剂。主要分为贵金属类（如铂、钯等）和非贵金属类催化剂。

02.406　蓄热催化燃烧装置　regenerative catalytic oxidizer

采用蓄热式换热器进行直接换热的催化燃烧装置。

02.407　加热炉烟气　furnace flue gas

生产过程中，加热炉使用燃油或燃气加热燃烧后产生的烟气。包括二氧化硫、氮氧化物、颗粒物等。

02.408　催化裂化装置烟气　catalytic cracking flue gas

催化裂化装置在催化剂烧焦过程中产生的烟气。烟气的主要污染物有二氧化硫、氮氧化物、颗粒物、镍及其化合物、一氧化碳等。

02.409　氧化沥青尾气　oxidized asphalt tail gas

氧化沥青生产过程中由装置排出的尾气。尾气中主要污染物有苯系物、含氧有机物、有机硫化物、稠环芳烃、苯并［*a*］芘（BaP）和非甲烷总烃等。

02.410　硫磺装置尾气　sulfur recovery tail gas

石油炼制过程中产生的酸性气中的硫化氢要通过硫磺装置来转化为单质硫，此过程会产生含少量硫化物的尾气。

02.411　再生废气　regeneration waste gas

吸附剂或催化剂等再生（性能恢复）过程产生的废气。如加氢反应器催化剂再生废气、催化裂化催化剂再生废气、活性炭吸附 VOC 饱和后再生废气等。

02.412　清焦烟气　decoking flue gas

炼油焦化装置需要进行定期烧焦、清焦，这一过程中产生的烟气。

02.413　烟气脱硫技术　flue gas desulfurization technology

又称“FGD 技术（FGD technology）”。从各类烟气中脱除含硫化合物的技术统称。常用的烟气脱硫方法按吸收剂及脱硫产物在脱硫过程中的干湿状态可分为湿法、干法和半干（半湿）法。其工艺大致可分为三类：湿式抛弃工艺、湿式回收工艺和干式工艺。按脱硫剂的种类可分为以下五种方法：以 $CaCO_3$（石灰石）为基础的钙法，以 MgO 为基础的镁法，以 Na_2SO_3 为基础的钠法，此外还有氨法、有机碱法。

02.414　湿法脱硫　wet desulfurization

以碱性吸收液为脱硫剂，经除尘后的烟气进入吸收塔底部并与吸收液（石灰水液）逆流充分混合接触，利用吸收原理脱除烟气中 SO_2 的方法。清洁烟气经烟囱排出，同时对废液进行处理，循环利用。

02.415　干法脱硫　dry desulfurization

应用粉状或粒状吸收剂、吸附剂或催化剂来脱除烟气中 SO_2 的烟气脱硫技术。

02.416　半干法脱硫　semi-dry desulfurization

脱硫剂在干燥状态下脱硫、在湿状态下再生（如水洗活性炭再生流程），或者在湿状态下脱硫、在干状态下处理脱硫产物（如喷雾干燥法）的烟气脱硫技术。

02.417　克劳斯法脱硫　Claus desulfurization

为去除化石燃料燃烧废气中的硫化氢所用的方法之一。原理是使硫化氢不完全燃烧，再使生成的二氧化硫与硫化氢反应而生成硫磺。此法广泛应用于炼油厂废气中的硫化氢脱除。

02.418　斯科特法　SCOT method

由荷兰壳牌公司开发，基于一种钴-钼型催化剂，使克劳斯尾气中的二氧化硫、有机硫化物、硫蒸气等被加氢转化为硫化氢，然后用脱硫溶剂回收硫化氢，经再生送回克劳斯装置的方法。

02.419　石灰石–石膏法烟气脱硫　limestone-gypsum flue gas desulphurization

以石灰石的浆液吸收并去除烟气中二氧化硫的过程。

02.420　氨法脱硫　ammonia desulfurization

以氨水等氨基物质作吸收剂，脱除烟气中的 SO_2 并回收副产物的脱硫工艺。

02.421　镁法脱硫　magnesium desulfurization

以氧化镁浆液或干粉为吸收剂脱除烟气中

SO_2的方法。

02.422 海水脱硫 sea water desulphurization
利用天然海水的碱度脱除烟气中SO_2的方法。

02.423 脱硫助剂 desulfurization agent
降低催化裂化再生器SO_x排放的助催化剂。

02.424 炉内喷钙 limestone injection into furnace
把钙基脱硫剂直接吹入炉内，与燃烧气体中的SO_2反应的一种脱硫方法。

02.425 脱硝系统 denitrification system
采用物理或化学的方法脱除烟气中氮氧化物（NO_x）的系统。

02.426 低氮燃烧技术 low-NO_x combustion technology
通过改进燃烧设备或控制燃烧条件，降低燃烧过程中氮氧化物产生量的技术。

02.427 选择性催化还原法 selective catalytic reduction，SCR
利用还原剂在催化剂作用下有选择性地与烟气中的氮氧化物（NO_x）发生化学反应，生成氮气和水的方法。

02.428 选择性非催化还原法 selective non-catalytic reduction，SNCR
利用还原剂在不需要催化剂的情况下有选择性地与烟气中的氮氧化物（NO_x）发生化学反应，生成氮气和水的方法。

02.429 选择性催化还原装置 selective catalytic reduction device
安装在发动机排气系统中，将排气中的氮氧化物（NO_x）进行选择性催化还原，以降低NO_x排放量的排气后处理装置。该系统需要外加能产生还原剂的物质（如能水解产生NH_3的尿素）。

02.430 选择性非催化还原装置 selective non-catalytic reduction device
将含有NH_3基的还原剂，喷入炉膛温度为800～1100℃的区域，该还原剂迅速热分解成NH_3，无须经过催化剂的催化，直接与烟气中的NO_x进行反应生成N_2的工艺装置。

02.431 脱硝助剂 denitration agent
降低催化裂化再生器NO_x排放的助催化剂。

02.432 氨逃逸 ammonia escape
在催化还原脱硝过程中，由于氨与NO_x的不完全反应（分布不均、NH_3过量等），会有少量的氨与烟气一道逃逸出反应器的现象。

02.433 除尘系统 dust removal system
治理烟（粉）尘污染的系统工程。由集尘罩、管道、除尘器、风机、排气筒以及系统辅助装置组成。

02.434 湿法防尘 wet dust extraction
用水湿润物质以减少粉尘散发的一种简单、经济和有效的防尘措施。

02.435 湿式除尘器 wet dust collector
利用液体的洗涤作用将粉尘从含尘气流中分离出来的除尘器。

02.436 文丘里除尘器 Venturi scrubber
含尘气流经过喉管时形成高速湍流，使液滴雾化并与粉尘碰撞、凝聚后被捕集的湿式除尘器。

02.437 重力沉降室 gravity settling chamber
又称"重力除尘器（gravity dust collector）"，粉尘在重力作用下沉降而被分离的一种惯性除尘器。

02.438 旋风除尘器 cyclone dust collector
利用气流在旋转运动中产生的离心力来分离气流中粉尘的设备。

02.439　过滤式除尘器　porous layer dust collector，filter dust separator
利用多孔介质的过滤作用捕集含尘气体中粉尘的除尘器。

02.440　电除尘器　electrostatic precipitator
利用高压电场产生的静电力将粉尘从含尘气流中分离出来的除尘装置。

02.441　电袋复合式除尘器　electrostatic-fabric integrated precipitator
将粉尘预荷电和袋式除尘复合的除尘装置。

02.442　电袋复合除尘　electrostatic-fabric integrated dedusting
含尘烟气经进口喇叭内气流分布板的作用，均匀进入收尘电场，大部分粉尘在电场中荷电，并在电场力作用下向收尘极沉积的方法。

02.443　除雾　mist separation
从气体中分离或去除雾滴的过程。

02.444　除雾器　mist eliminator
主要由波形叶片、板片、卡条等固定装置组成，用于在湿法脱硫吸收塔运行过程中，产生粒径为10～60μm的“雾”的设备。

02.445　湿式除雾器　wet mist separator
基于液体的洗涤或冷却作用而分离、捕集雾滴的设备。

02.446　电除雾器　electrostatic mist precipitator
通过高压电场的作用，使悬浮于气流中的液滴带电，从而被电极吸附，通过振打或冲刷使液滴从金属表面上脱落而被收集的装置。

02.447　荧光粉检漏　fluorescent leak detection
利用荧光粉和紫光灯检查袋式除尘器粉尘泄漏点的检漏方式。

02.448　吸收法　absorption method
用溶液或溶剂吸收废气中一种或几种气体（如二氧化硫、硫化氢、氟化氢和氮氧化物等气态污染物），使其与废气分离的方法。

02.449　吸附法　adsorption
用多孔的固体吸附材料吸附工业废气中有害气体的方法。

02.450　固定床吸附器　fixed bed adsorber
吸附过程中，吸附剂颗粒及其床层不发生运动的吸附装置。

02.451　移动床吸附器　moving bed adsorber
吸附过程中，吸附剂跟随气流流动完成吸附的装置。

02.452　流化床吸附器　fluidized bed adsorber
基于废气通过沸腾状态的吸附剂层，使有害成分被吸附除去的装置。

02.453　生物净化　biological purification
利用微生物的生命活动过程，将废气中的污染物转化为低害甚至无害物质的处理方法。

02.454　脱臭装置　deodorizing equipment
消除或分解、破坏、掩蔽恶臭物质的装置。

02.455　中和脱臭器　counteraction deodorizing equipment
用添加物中和恶臭物质的装置。

02.456　微生物脱臭器　microbiological deodorizing equipment
用微生物分解恶臭物质的装置。

02.457　三泥　three-sludge
特指炼油装置含油污水调节罐及隔油池底泥、浮选池浮渣和生化剩余活性污泥。

02.458　剩余活性污泥　excess activated sludge
活性污泥系统中从二次沉淀池（或沉淀区）

排出系统外的活性污泥。

02.459　废渣　waste residue
工矿企业、事业单位排出的固体废弃物的统称（不包括矿山开采中剥离及掘进时产生的废石）。

02.460　碱渣　soda residue
工业生产中制碱和碱处理过程中排放的碱性废渣。

02.461　钻井液　drilling fluid
又称“钻井泥浆（drilling mud）”。在油气钻井过程中，可以其多种功能来满足钻井工作需要的各种循环流体的总称。

02.462　水基泥浆　water-base mud
基本组分为水的钻井液。

02.463　油基泥浆　oil-base mud
连续相由液态烃组成的钻井液。

02.464　废矿物油　waste mineral oil
从石油、煤炭、油页岩中提取和精炼，在开采、加工和使用过程中由于外在因素作用导致改变了原有的物理和化学性能，不能继续被使用的矿物油。

02.465　热解吸　thermal desorption
用热处理方法使污染物从土壤中挥发的过程。

02.466　污泥稳定　sludge stabilization
通过物理、化学和生物过程，污泥中的有机物或挥发物被气化、液化、矿化或转变为更加稳定的有机物的过程。

02.467　污泥热处理　sludge heat treatment
通过加热来调节污泥（经常需加压），以便使污泥在静态或动态脱水时更容易脱水。

02.468　污泥消化　sludge digestion
利用微生物的代谢作用，使污泥中的有机物质稳定化的过程。通常采用厌氧生物处理和好氧生物处理两种方法。

02.469　污泥调理　sludge conditioning
通过不同的物理和化学方法改变污泥的理化性质，调整污泥胶体粒子群排列状态，克服电性排斥作用和水合作用，减小其与水的亲和力，增强凝聚力，增大颗粒尺寸，从而改善污泥的脱水性能，提高其脱水效果。是为了提高污泥浓缩脱水效率的一种预处理。

02.470　污泥脱水　sludge dewatering
将流态的原生、浓缩或消化污泥脱除水分，转化为半固态或固态泥块的一种污泥处理方法。

02.471　污泥干化　sludge drying
通过渗滤或蒸发等作用，从污泥中去除大部分水分的过程。一般采用污泥干化场等自蒸发设施或采用以蒸汽、烟气、热油等为热源的干化设施。只适用于无异味的污泥。

02.472　污泥浓缩干燥　sludge concentration and desiccation
采用重力或气浮、渗滤、蒸发等方法降低污泥含水量的过程。

02.473　污泥焚烧　sludge incineration
污泥处理的一种工艺。利用焚烧炉将脱水污泥加温干燥，再用高温氧化污泥中的有机物，使污泥成为少量灰烬的方法。

02.474　湿式氧化　wet air oxidation，WAO
使液体中悬浮或溶解状的有机物在有液相水存在的情况下进行高温高压氧化处理的方法。

02.475　缓和湿式氧化　mild wet air oxidation
特指是以空气中的氧气为氧化剂，反应器内水保持为液相，在反应温度 100～200℃，反应压力 0.2～3.5MPa 条件下，将废碱渣中的硫化物氧化为硫酸盐或硫代硫酸盐，从而消除废碱渣中的臭味。

02.476　废物储存　waste storage

将固体废物临时置于特定设施或者场所中的活动。

02.477　废物处理　waste treatment

通常是指通过物理、化学（特别是物理化学）及生化方法把固体废物转化为适于运输、储存、利用或处置的过程。目前采用的主要方法包括压实、破碎、分选、固化、焚烧、化学处理、生物处理等。

02.478　废物固化处理　waste solidification

用物理-化学方法将有害废物掺和并包容在密实惰性基材中，使其达到稳定化的一种过程。

02.479　废物利用　waste utilization

从固体废物中提取物质作为原材料或者燃料的活动。如热解法和热萃取法等。

02.480　废物处置　waste disposal

将固体废物最终置于符合环境保护规定要求的场所或设施的活动，以保证有害物质现在和将来不对人类和环境造成不可接受的危害。

02.481　填埋　landfill

固体废物最终处置的方式之一。填埋时必须遵守有关法规的规定，特别是在设施运行过程中，必须杜绝对环境的次生污染，如填埋气的污染、固体废物渗滤液对地下水的污染等。在填埋场选址时，还应充分考虑发生地质灾害及环境灾害的可能。

02.482　填埋场　landfill

处置废物的一种陆地处置设施。它由若干个处置单元和构筑物组成，处置场有界限规定，主要包括废物预处理设施、废物填埋设施和渗滤液收集处理设施。

02.483　浸出液　lixivium

在固体废物填埋过程中由于发生物理或化学作用而产生的液体。

02.484　浸出毒性　leaching toxicity

固体废物遇水浸沥，浸出的有害物质迁移转化，污染环境的危害特性。

02.485　防渗工程　seepage control engineering

用天然或人工防渗材料构筑阻止储存、处置场内外液体渗透的工程。

02.486　防渗层　impermeable liner

构筑污染物渗漏屏障的防渗材料和构造的组合。设置于生活垃圾填埋场底部及四周边坡的由天然材料和（或）人工合成材料组成的防止渗漏的垫层。

02.487　包气带　vadose zone

地表与潜水面之间的地带。

02.488　地下水污染　groundwater pollution

污染物沿包气带竖向入渗，并随地下水流扩散和输移导致地下水体污染的现象。

02.489　危险废物　hazardous waste

列入国家废物名录或者依据国家规定的危险废物鉴别标准和鉴别方法认定的具有毒害性、易燃性、腐蚀性、化学反应性、传染性和放射性的废物。

02.490　危险废物转移　movement of hazardous waste

将危险废物从产生源转移至产生源以外的地方，而不是指在危险废物产生源内变动危险废物的堆放场地的活动。

02.491　危废中转场　hazardous waste transit depot

进行危险废物中转的场所。

02.492　一般污染防治区　minor contamination prevention area

对地下水环境有污染的物料或污染物泄漏

后，可及时发现和处理的区域或部位。主要包括架空设备、容器、管道、地面、明沟等。

02.493 重点污染防治区 main contamination prevention area

对地下水环境有污染的物料或污染物泄漏后，不能及时发现和处理的区域或部位。主要包括地下管道、地下容器（储罐）、（半）地下污水池、油品储罐的环墙式罐基础等。

02.494 非污染防治区 non-contaminated prevention area

一般的和重点的污染防治区以外的区域或部位。

02.495 飞灰 fly ash

由燃料燃烧过程中排出的微小灰粒。粒径一般在 1～100μm 之间。

02.496 环境噪声 ambient noise

在工业生产、建筑施工、交通运输和社会生活中所产生的干扰周围生活环境的声音（频率在 20～20000Hz 的可听声范围内）。

02.497 固定声源 fixed sound source

在声源发声时间内，声源位置不发生移动的声源。

02.498 厂界环境噪声 industrial enterprise noise

在工业生产活动中使用固定设备等产生的、在厂界处进行测量和控制的干扰周围生活环境的声音。

02.499 A 声级 A-weighted sound pressure level

用 A 计权网络测得的声压级。用 L_A 表示，单位 dB（A）。

02.500 等效声级 equivalent continuous A-weighted sound pressure level

全称“等效连续 A 声级”。在规定测量时间 T 内 A 声级的能量平均值。用 $L_{Aeq,T}$ 表示（简写为 L_{eq}），单位 dB（A）。

02.501 噪声敏感建筑物 noise-sensitive buildings

医院、学校、机关、科研单位、住宅等需要保持安静的建筑物。

02.502 环境风险 environmental risk

由人类活动引起或由人类活动与自然界的运动过程共同作用造成的，通过环境介质传播的，能对环境产生破坏、损失等不利后果事件的危害后果和发生概率。

02.503 水体环境风险 water environmental risk

由于事故排水进入造成水体环境污染或生态破坏，危及人民群众生命财产安全，影响社会公共秩序的风险。

02.504 环境风险评价 environmental risk evaluation

针对建设项目在建设和运行期间发生的可预测的突发性事件或事故（一般不包括人为破坏及自然灾害）引起有毒有害、易燃易爆等物质的泄漏，或突发事件产生的新的有毒有害物质所造成的对环境的影响和损害，进行评估，提出合理可行的防范、应急与减缓措施，以使建设项目事故率、损失和环境影响达到可接受水平。

02.505 企业环境风险等级划分 enterprise environmental risk classification

根据国家相关技术指南，对可能发生突发环境事件的（已建成投产或处于试生产阶段的）企业进行环境风险评估，将企业环境风险等级划分为重大、较大和一般。

02.506 重大环境风险企业 major environmental risk enterprise

经企业环境风险等级划分方法确定为重大风险的、需实施重点管理、采取积极措施预防环境事件发生的企业。

02.507　环境风险识别　environmental risk identification

在风险事故发生之前，人们运用感知、判断或归类等方法系统地、连续地认识所面临的各种环境风险及分析环境风险事故发生的潜在原因。

02.508　环境风险物质　environmental risk substance

具有有毒、有害、易燃、易爆等特性，在意外释放条件下可能对企业外部人群或环境造成伤害、损害、污染的化学物质。

02.509　环境风险单元　environmental risk unit

长期或临时生产、加工、使用或储存环境风险物质的一个（套）生产装置、设施或场所或同属一个企业的且边缘距离小于 500m 的几个（套）生产装置、设施或场所。

02.510　环境敏感区　environmental sensitive zone

《建设项目环境影响评价分类管理名录》中规定的“依法设立的各级各类自然、文化保护地，以及对建设项目的某类污染因子或者生态影响因子特别敏感的区域”。

02.511　环境风险受体　environmental risk receptor

在突发环境事件中可能受到危害的人群、具有一定社会价值或生态环境功能的单位或区域等。

02.512　环境保护目标　environmental protection objectives

泛指项目周边需要保障其环境质量达标或达到某些特殊要求的对象。

02.513　跨界水体　transboundary water

跨越县级以上行政边界的水体。边界包括国界、省（直辖市、自治区）界和地级市（地区、州）界。

02.514　最大可信事故　maximum credible accident

在所有可能发生(概率不为零)的环境事故中，对环境（或健康）危害最严重的重大事故。

02.515　源项分析　source term analysis

通过将一个工厂或工程项目的大系统分解为若干子系统，识别其中具有潜在危险来源的物质、装置或部件，判断其危险类型，识别事故发生的概率，筛选最大可信事故，确定毒物释放量及其转移途径等。

02.516　环境风险管理　environmental risk management

通过各种手段（包括法律、行政等手段）控制或者消除进入人类环境的有害因素，将这些因素导致的人体健康风险减小到目前公认的可接受水平。

02.517　事故污水　accident waste water

事故状态下排出的含有泄漏物，以及施救过程中产生的其他对环境有害物质的生产废水、清净下水、雨水或消防水等。

02.518　雨污分流　rain sewage diversion

事故状态下，使清净雨水和事故排水分开进行收集和处置的方法。目的是减少事故排水的总量。

02.519　二次污染　secondary pollution

环境中存在的有毒有害物质，在生物的、化学（特别是物理化学）的、物理的作用下，变成毒性更大，对生物有直接危害的物质，从而造成的再次污染。

02.520　环境污染事件　environmental pollution incidents

由违反环境保护法律法规的经济、社会活动与行为引起的，以及由不可抗力致使环境受到污染、生态系统受到干扰、人体健康受到危害、社会财富受到损失、造成不良社会影响的事件。

02.521　突发环境事件分级　abrupt environmental accident classification

按照突发事件严重性和紧急程度，突发环境事件分为特别重大环境事件（Ⅰ级）、重大环境事件（Ⅱ级）、较大环境事件（Ⅲ级）和一般环境事件（Ⅳ级）四级。

02.522　特别重大突发环境事件　tremendously devastating environmental accident

凡符合下列情形之一的，为特别重大突发环境事件：①因环境污染直接导致30人以上死亡或100人以上中毒或重伤的；②因环境污染疏散、转移人员5万人以上的；③因环境污染造成直接经济损失1亿元以上的；④因环境污染造成区域生态功能丧失或该区域国家重点保护物种灭绝的；⑤因环境污染造成设区的市级以上城市集中式饮用水水源地取水中断的；⑥Ⅰ、Ⅱ类放射源丢失、被盗、失控并造成大范围严重辐射污染后果的，放射性同位素和射线装置失控导致3人以上急性死亡的，放射性物质泄漏，造成大范围辐射污染后果的；⑦造成重大跨国境影响的境内突发环境事件。

02.523　重大突发环境事件　major environmental accident

凡符合下列情形之一的，为重大突发环境事件：①因环境污染直接导致10人以上30人以下死亡或50人以上100人以下中毒或重伤的；②因环境污染疏散、转移人员1万人以上5万人以下的；③因环境污染造成直接经济损失2000万元以上1亿元以下的；④因环境污染造成区域生态功能部分丧失或该区域国家重点保护野生动植物种群大批死亡的；⑤因环境污染造成县级城市集中式饮用水水源地取水中断的；⑥Ⅰ、Ⅱ类放射源丢失、被盗的，放射性同位素和射线装置失控导致3人以下急性死亡或者10人以上急性重度放射病、局部器官残疾的，放射性物质泄漏，造成较大范围辐射污染后果的；⑦造成跨省级行政区域影响的突发环境事件。

02.524　较大突发环境事件　considerable environmental accident

凡符合下列情形之一的，为较大突发环境事件：①因环境污染直接导致3人以上10人以下死亡或10人以上50人以下中毒或重伤的；②因环境污染疏散、转移人员5000人以上1万人以下的；③因环境污染造成直接经济损失500万元以上2000万元以下的；④因环境污染造成国家重点保护的动植物物种受到破坏的；⑤因环境污染造成乡镇集中式饮用水水源地取水中断的；⑥Ⅲ类放射源丢失、被盗的，放射性同位素和射线装置失控导致10人以下急性重度放射病、局部器官残疾的，放射性物质泄漏，造成小范围辐射污染后果的；⑦造成跨设区的市级行政区域影响的突发环境事件。

02.525　一般突发环境事件　ordinary environmental accident

凡符合下列情形之一的，为一般突发环境事件：①因环境污染直接导致3人以下死亡或10人以下中毒或重伤的；②因环境污染疏散、转移人员5000人以下的；③因环境污染造成直接经济损失500万元以下的；④因环境污染造成跨县级行政区域纠纷，引起一般性群体影响的；⑤Ⅳ、Ⅴ类放射源丢失、被盗的，放射性同位素和射线装置失控导致人员受到超过年剂量限值的照射的，放射性物质泄漏，造成厂区内或设施内局部辐射污染后果的，铀矿冶、伴生矿超标排放，造成环境辐射污染后果的；⑥对环境造成一定影响，尚未达到较大突发环境事件级别的。

02.526　水上溢油事故　water-surface oil spill accident

因船舶、海上石油开发和陆源事故导致油类、油性混合物泄漏造成的水域环境污染事故。

02.527 环境应急预案 environmental emergency plan

针对可能发生的环境污染事件，为迅速、有序地开展环境应急行动而预先制定的行动方案。

02.528 环境风险预警 environmental risk early warning

在科学理论指导下，采用一系列监测、预警的技术方法对一定时期的环境状况进行分析、预测与预评价，将环境污染状况和环境问题事先向人们发出警报，以便相关单位及时采取必要的调控手段和措施。

02.529 环境应急响应 environmental emergency response

针对可能或已发生的突发环境事件需要立即采取某些超出正常工作程序的行动，以避免事件发生或减轻事件后果的状态，同时也泛指立即采取超出正常工作程序的行动。

02.530 环境事件应急设施 emergency facilities for environmental accident

用于防止环境事件后果蔓延扩大的构筑物或其他设施。包括围堰、排水管（渠）、阀组、事故池（罐）、事故水转输泵等。

02.531 环境污染三级防控体系 environmental pollution three-level prevention and control system

针对石油化工企业污染物来源及其特性，以实现达标排放和满足应急处置为原则，建立污染源头、过程处理和最终排放的“三级防控”机制。第一级防控措施是设置装置区围堰和罐区防火堤，构筑生产过程中环境安全的第一层防控网，使泄漏物料切换到处理系统，防止污染雨水和轻微事故泄漏造成的环境污染。第二级防控措施是在产生剧毒或者污染严重污染物的装置或厂区设置事故缓冲池，切断污染物与外部的通道、导入污水处理系统，将污染控制在厂内，防止较大生产事故泄漏物料和污染消防水造成的环境污染。第三级防控措施是在进入江、河、湖、海的总排放口前或污水处理厂终端建设终端事故缓冲池，作为事故状态下的储存与调控手段，将污染物控制在区内，防止重大事故泄漏物料和污染消防水造成的环境污染。装置较少或装置较集中的企业，第二级和第三级防控措施可以合并实施。

02.532 围堰 cofferdam

为了围堵生产装置在开停工、检修和生产过程中泄漏的可能对水环境有污染作用的物料，而在装置周围设置的构筑物。

02.533 隔堤 intermediate dike

用于减少防火堤内储罐发生少量泄漏事故时的影响范围，而将一个储罐组分隔成多个分区的构筑物。

02.534 汇水区 catchment area

又称“集水区”。厂区地表径流或其他物质汇聚到一共同的出水口的过程中所流经的地表区域。是一个封闭的区域。

02.535 事故池 accident pool

化工企业在发生事故、检修等特殊情况下，暂时储存排除废液的水池。

02.536 溢油监测报警仪 oil spill monitoring alarm equipment

用于定性或定量监测石油烃，发现早期溢油并发出警报的设备设施。主要应用紫外、荧光、雷达、遥感等技术手段。

02.537 环境事件应急处置 environment event emergency response

对即将发生或正在发生或已经发生的突发事件所采取的一系列的应急响应措施。

02.538　事故水封堵　accident water plugging

利用阀门、沙袋、封堵气囊、水泥墙等设施对事故区域的物料、废水、污染雨水、消防水等事故污水进行围控，以避免或减少事故污水排入外环境的措施。

02.539　事故水转输　accident water transportation

利用排水管（渠）、导流沟、槽车等设施、车辆将事故区域的物料、废水、污染雨水、消防水等事故污水进行疏导，使其流入目标存储设施，以避免或减少事故污水排入外环境的措施。

02.540　事故水截流　accident water stop flow

利用对事故水的封堵、转输截断事故污水的自然流向，使其改道流入目标存储设施，以避免或减少事故污水排入外环境的措施。

02.541　洗消　decontamination

对染有有毒有害化学品、环境污染物、放射性物质的空气、装置等进行消除沾染的措施。

02.542　控制燃烧　control burning

利用燃烧的方法清理溢油污染的方法。

02.543　环境应急物资　environmental emergency materials

用于处置环境污染事件的车辆及其他物资和器材。包括环境应急监测仪器仪表，事故水封堵、转输、存储设备，污染物收集、清除物资等。

02.544　拦污坝　accident water dam

设置在雨水或污水系统排放途径上，用于拦截事故污水的设施。

02.545　围油栏　oil containment boom

用于围控水面浮油的机械漂浮栅栏。

02.546　收油机　oil skimmer

专门设计用来回收水面溢油、油水混合物而不改变其物理、化学特性的任何机械装置。收油机的基本工作原理是利用油和油水混合物的流动特性、油水的密度差及材料对油/油水混合物的吸附性，将油从水面上分离出来。

02.547　吸油毡　oil absorption felt

由惰性高分子聚合物经熔喷工艺制作而成的能有效吸附油品并将其留住的一种吸附产品。具有吸油量大、吸油快、可悬浮、不容易发生化学反应、安全环保等特点，常用于水上溢油事故处理。

02.548　溢油分散剂　oil spill dispersant

又称“消油剂”。用来减少溢油与水之间的界面张力，从而使油迅速乳化分散在水中的化学药剂。在许多不能采用机械回收或有火灾危险的紧急情况下，及时喷洒溢油分散剂，是消除水面石油污染和防止火灾的主要措施。

02.549　凝油剂　oil gelling agent

用来增大油水界面张力作用，使石油胶凝成固体或半固体块状而浮于水面，从而实现油水分离的化学药剂。其作用与分散剂正相反。

02.550　溢油回收船　spilled oil recovery ship

专用于回收水面溢油、油水混合物的船只。

02.551　环境应急监测车　environmental emergency monitoring vehicle

由车体、车载电源系统、车载实验平台、车载气象系统、应急软件支持系统、便携应急监测仪器和应急防护设施等组成，不受地点、时间、季节的限制，在突发性环境污染事故发生时，可迅速进入污染现场开展应急监测工作的机动车辆。

02.552 企业应急救援队伍 industrial emergency rescue team

企业内承担处置各类突发事故、救援遇险人员等应急救援任务的专业队伍。

02.553 采样断面 sampling cross-section

突发环境事件发生后，对地表水、地下水、大气和土壤样品进行采集的整个剖面。

02.554 对照断面 contrast cross-section

具体评价某一突发环境事件区域环境污染程度时，位于该污染事故区域外、能够提供这一区域环境本底值的断面。

02.555 控制断面 control cross-section

突发环境事件发生后，为了解地表水、地下水、大气和土壤环境受污染程度及其变化情况而设置的断面。

02.556 消减断面 attenuation cross-section

突发环境事件发生后，污染物在水体内流经一定距离而达到最大程度混合，因稀释、扩散和降解作用，其主要污染物浓度有明显降低的断面。

02.557 跟踪监测 track monitoring

为掌握污染程度、范围及变化趋势，在突发环境事件发生后所进行的连续监测，直至地表水、地下水、大气和土壤环境恢复正常。

02.04 环境监测与统计

02.558 环境质量监测 environmental quality monitoring

运用物理、化学、生物等现代科学技术方法，间断地或连续地对环境化学污染物及物理和生物污染等因素进行现场的监测和测定，做出正确的环境质量评价。

02.559 污染源监测 pollution source monitoring

用环境监测手段确定污染物的排放来源、排放浓度、污染物种类等，为控制污染源排放和环境影响评价提供依据，同时也是解决污染纠纷的主要依据。

02.560 常规监测 routine monitoring

又称"监视性监测"。对指定的有关项目进行定期的、经常性的监测，用以确定环境质量及污染源状况、评价控制措施的效果，衡量环境标准实施情况和环境保护工作进展的活动。

02.561 研究性监测 research monitoring

为研究环境质量，发展监测方法学、监测技术和监测管理而进行的探索。

02.562 手工监测 manual monitoring

在监测点位用便携式监测设备对样品进行现场检测，或用采样装置采集样品，将采集的样品在实验室用分析仪器分析、处理的过程。

02.563 自动监测 automatic monitoring

在测量和检验过程中完全不需要或仅需要很少的人工干预而自动进行并完成的方法。

02.564 水质监测 water quality monitoring

为了掌握水环境质量状况和水系中污染物的动态变化，对水的各种特性指标取样、测定，并进行记录或发出信号的程序化过程。

02.565 固定源废气监测 stationary source waste gas monitoring

对燃煤、燃油、燃气的锅炉和工业炉窑及石油化工、冶金、建材等生产过程中产生的、通过排气筒向空气中排放的废气污染物实施的监测。

02.566 环境空气监测 ambient air monitoring

对空气中污染物的种类、污染物浓度及变化

趋势实施监测和评价的活动。

02.567 固体废物监测 solid waste monitoring
对固体废物进行监视和测定的过程。

02.568 土壤环境监测 soil environmental monitoring
通过对影响土壤环境质量因素的代表值的测定，确定环境质量（或污染程度）及其变化趋势。

02.569 地下水水质监测 groundwater quality monitoring
为了掌握地下水环境质量状况和地下水体中污染物的动态变化，对地下水的各种特性指标取样、测定，并进行记录。

02.570 污染源自动监控［监测］系统 pollutant source automatic monitoring system
由对污染源主要污染物排放实施监控的数据收集子系统和信息综合子系统组成的系统。

02.571 水污染源在线监测仪器 water pollution source online monitoring equipment
在污染源现场安装的用于监控、监测污染物排放的化学需氧量（COD_{Cr}）在线自动监测仪、总有机碳（TOC）水质自动分析仪、紫外（UV）吸收水质自动在线监测仪、pH 水质自动分析仪、氨氮水质自动分析仪、总磷水质自动分析仪、超声波明渠污水流量计、电磁流量计、水质自动采样器和数据采集传输仪等仪器、仪表。

02.572 水污染源在线监测系统 water pollution source online monitoring system
在污染源现场安装的用于监控、监测污染物排放的水污染源在线监测仪器和监测站房。

02.573 烟气排放连续监测 continuous emission monitoring，CEM
对固定污染源排放的污染物进行连续地、实时地跟踪测定；每个固定污染源的总测定小时数不得小于锅炉、炉窑总运行小时数的 75%；每小时的测定时间不得低于 45min。

02.574 烟气排放连续监测系统 continuous emission monitoring system，CEMS
连续测定颗粒物和/或气态污染物浓度和排放率所需要的全部设备。一般是由采样、测试、数据采集和处理三个子系统组成的监测体系。

02.575 比对监测 comparison monitoring
用参比方法对日常运行的烟气排放连续监测系统（CEMS）技术性能指标进行不定期的抽检。

02.576 质量体系 quality system
为实施质量管理所需的组织结构、程序、过程和资源。

02.577 质量保证 quality assurance，QA
为了提供足够的信任表明实体能够满足质量要求，而在质量体系中实施并根据需要进行证实的全部有计划和有系统的活动。

02.578 质量控制 quality control，QC
为了达到质量要求所采取的作业技术或活动。

02.579 期间核查 intermediate check
实验室自身对其测量设备或参考标准、基准、传递标准或工作标准以及标准样品/有证标准物质（参考物质）在相邻两次检定（或校准）期间内进行核查，以保持其检定（或校准）状态的置信度，使测量过程处于受控状态，确保检（校）验结果的质量。

02.580 量值溯源 traceability
测量结果通过具有适当准确度的中间比较环节，逐级往上追溯至国家计量基准或国家计量标准的过程。

02.581　质量控制图　quality control chart
以概率论及统计检验为理论基础而建立的一种既便于直观地判断分析质量，又能全面、连续地反映分析测定结果波动状况的图形。

02.582　方法检出限　method detection limit
用特定分析方法在给定的置信度内可从样品中定性检出待测物质的最低浓度或最小量。

02.583　测定下限　minimum quantitative detection limit
在限定误差能满足预定要求的前提下，用特定方法能够准确定量测定待测物质的最低定量检测限。

02.584　测定上限　maximum quantitative detection limit
在限定误差能满足预定要求的前提下，用特定方法能够准确定量测定待测物质的最高定量检测限。

02.585　测定范围　determination range
测定下限和测定上限之间的范围。

02.586　平行样　parallel samples
在环境监测和样品分析中，只包括两个相同子样的样品。

02.587　精密度　precision
在规定条件下，独立测试结果间的一致程度。

02.588　准确度　accuracy
测试结果与接受参照值间的一致程度。

02.589　重复性　repeatability
在同一实验室，使用同一方法由同一操作者对同一被测对象使用相同的仪器和设备，在相同的测试条件下，相互独立的测试结果之间的一致程度。

02.590　重复性限　repeatability limit
一个数值，在重复性条件下，两次测试结果的绝对差值不超过此数的概率为95%。

02.591　再现性　reproducibility
又称“复现性”。在不同的实验室，使用同一方法由不同的操作者对同一被测对象使用相同的仪器和设备，在相同的测试条件下，所得测试结果之间的一致程度。

02.592　再现性限　reproducibility limit
一个数值，在再现性条件下，两次测试结果的绝对差值不超过此数的概率为95%。

02.593　不确定度　uncertainty
表征合理地赋予被测量值的分散性，与测量结果相联系的参数。

02.594　实验室样品　laboratory sample
送往实验室供检测而制备的样品。

02.595　空白试验　blank test
对不含待测物质的样品用与实际样品同样的操作步骤进行的试验。对应的样品称为空白样品，简称空白。

02.596　校准　calibration
在规定条件下，为确定计量仪器或测量系统的示值或实物量具或标准物质所代表的值与相对应的被测量的已知值之间关系的一组操作。

02.597　监测点位　monitoring site
为开展污染源监测工作所设置的监测或采样位置及其配套设施。包括监测断面、监测孔、监测平台及通往监测平台的保障性、辅助性设施等。

02.598　监测采样平台　sampling platform
永久性安装在建筑物或设备上的具有稳定性、承载负荷的带有防护装置的工作平台。

02.599　监测孔　monitoring port
为监测或采集废气样品在废气监测断面烟道上开设的孔口。

02.600　采样点　sampling point
进行采样的准确位置。

02.601　连续采样　continuous sampling
在全部操作过程或预定时间内，不间断地采样的过程。

02.602　瞬时采样　grab sampling
在很短时间内，采集一个样品的过程。

02.603　采样时间　sampling time
单个样本采集的时间间隔。

02.604　水样　water sample
为检验各种水质指标，连续地或不连续地从特定的水体中取出的尽可能具有代表性的一部分水。

02.605　不连续采样　discrete sampling
从水体中采集单个样品的过程。

02.606　混合样　composite sample
两个或更多的样品或子样品按照确定的比例连续地或不连续地加以混合，由此得到的混合样是所需特征的平均样。

02.607　比例采样　proportional sampling
采用从流动水中采样的技术，在不连续采样时，其采样频率或连续采样的流速与所采水的流速成正比。

02.608　自动采样　automatic sampling
采样过程中不需人干预，通过仪器设备能按预先编定的程序进行连续或不连续地采样。

02.609　水样［的］固定　sample stabilization
用投加化学试剂或改变物理条件的办法，或两种方法并用，使从采样至检验这段时期内被测项目的特性变化减小到最低限度。

02.610　颗粒物　particulates
燃料和其他物质在燃烧、合成、分解及各种物料在机械处理中所产生的悬浮于排放气体中的固体和液体颗粒状物质。

02.611　气态污染物　gaseous pollutant
以气体状态分散在排放气体中的各种污染物。

02.612　工况　operation condition
装置和设施生产运行的状态。

02.613　等速采样　isokinetic sampling
将采样嘴平面正对排气气流，使进入采样嘴的气流速度与测定点的排气流速相等的方法。

02.614　标准状态下的干排气　dry flue gas of standard condition
温度为273K、压力为101 325Pa条件下不含水分的排气。

02.615　过量空气系数　excess air coefficient
燃料燃烧时实际空气供给量与理论空气需要量之比。

02.616　场地　site
某一地块范围内的土壤、地下水、地表水以及地块内所有构筑物、设施和生物的总和。

02.617　污染场地　contaminated site
又称“污染地块”。对潜在的被污染的空间区域进行调查和风险评估后，确认污染危害超过人体健康或生态环境可接受风险水平的场地。

02.618　关注污染物　contaminant of concern
根据场地污染特征和场地利益相关方意见，确定需要进行调查和风险评估的污染物。

02.619　土壤混合样　soil mixture sample
表层或同层土壤经混合均匀后的土壤样品。组成混合样的采样点数应为 5～20 个。

02.620　潜水　phreatic water
地表以下、第一个稳定隔水层以上具有自由水面的地下水。

02.621　潜水层　unconfined aquifer layer, phreatic stratum
地表以下第一个稳定水层。有自由水面，以上没有连续的隔水层，不承压或仅局部承压。

02.622　隔水层　aquifuge
不能透过与给出水，或者透过与给出的水量微不足道的岩层。

02.623　水资源总量　total water resources
一定区域内的水资源总量指当地降水形成的地表和地下产水量。即地表径流量与降水入渗补给量之和，不包括过境水量。

02.624　地表水资源量　volume of surface water resources
河流、湖泊、冰川等地表水体中由当地降水形成的、可以逐年更新的动态水量。即天然河川径流量。

02.625　地下水资源量　volume of groundwater resources
当地降水和地表水对饱水岩土层的补给量。

02.626　供水总量　total water supply
各种水源工程为用户提供的包括输水损失在内的毛供水量。

02.627　工业用水量　volume of industrial water used
工矿企业在生产过程中用于制造、加工、冷却、空调、净化、洗涤等方面的用水。按新水取用量计，不包括企业内部的重复利用水量。

02.628　工业重复用水量　volume of industrial water reused
企业生产用水中重复再利用的水量。包括循环冷却水、污水回用、一水多用和串级使用的水量（含经过处理后的回用量）。

02.629　废水回用总量　total volume of waste water reused
企业在生产过程中产生的工业废水经过处理后并回用的水量。

02.630　排污总量　total volume of pollution discharged
某一时段内从排污口排出的某种污染物的总量，是该时段内污水的总排放量与该污染物平均浓度的乘积、瞬时污染物浓度的时间积分值或排污系数统计值。

02.631　循环冷却水　recirculated cooling water
在循环用水系统中循环使用的总水量。循环用水系统是指确定的生产系统中将使用过的水直接或适当处理后重新用于同一生产系统的同一生产过程的用水方式。以循环水场数据为准，包括电厂冲灰水经澄清池澄清后循环使用的水量。

02.632　循环冷却水系统　recirculated cooling water system
冷却水换热并经降温，再循环使用的给水系统。包括敞开式和密闭式两种类型。

02.633　直流冷却水系统　once-through cooling water system
冷却水只使用一次即被排掉的给水系统。

02.634　直接冷却水　direct cooling water
在生产过程中，为满足工艺过程需要，使产品或半成品冷却所用与其直接接触的冷却水。包括调温、调湿使用的直流喷雾水。

02.635　间接冷却水　indirect cooling water
在工业生产过程中，为了冷却生产介质，保

证生产设备在正常温度下工作，用于吸收或转移生产介质或生产设备的多余热量，而使用的冷却水。此冷却水与被冷却介质之间由热交换器壁或设备隔开，故称为间接冷却水。

02.636 油田废水回注总量 total volume of oilfield waste water reinjected

在钻井、采油、作业生产过程中及其他生产活动中废水回注总量。

02.637 工业废水排放量 volume of industrial waste water discharged

报告期内经过企业厂区所有排放口排到企业外部的工业废水量。包括生产废水、外排的直接冷却水、超标排放的矿井地下水和与工业废水混排的厂区生活污水，不包括外排的间接冷却水（清污不分流的间接冷却水应计算在废水排放量内）。

02.638 工业废水排放达标量 volume of industrial waste water up to the standard for discharge

报告期内废水中各项污染物指标都达到国家或地方排放标准的外排工业废水量。包括未经处理外排达标的，经废水处理设施处理后达标排放的，以及经污水处理厂处理后达标排放的。

02.639 工业废水排放达标率 ratio of industrial waste water up to the standard for discharge

工业废水排放达标量占工业废水排放量的百分数。

02.640 工业废水治理设施数 number of industrial waste water treatment facilities

报告期内企业用于防治水污染和经处理后综合利用水资源的实有设施（包括构筑物）数。以一个废水治理系统为单位统计。附属于设施内的水治理设备和配套设备不单独计算。已经报废的设施不统计在内。

02.641 工业废水治理设施处理能力 treatment capacity of industrial waste water treatment facilities

报告期内企业内部的所有废水治理设施实际具有的废水处理能力。

02.642 工业废水治理设施运行费用 operating cost of industrial waste water treatment facilities

报告期内企业维持废水治理设施运行所发生的费用。包括能源消耗、设备维修、人员工资、管理费、药剂费及与设施运行有关的其他费用等。

02.643 工业废气排放量 volume of industrial waste gas emission

报告期内企业厂区内燃料燃烧和生产工艺过程中产生的各种排入空气中含有污染物的气体的总量。以标准状态（273K，101 325Pa）计。

02.644 工业二氧化硫排放量 volume of industrial sulphur dioxide discharged

报告期内企业在燃料燃烧和生产工艺过程中排入大气的二氧化硫总质量。

02.645 工业氮氧化物排放量 volume of industrial nitrogen oxide discharged

报告期内企业在燃料燃烧和生产工艺过程中排入大气的氮氧化物总质量。

02.646 工业烟粉尘排放量 volume of industrial soot and dust discharged

报告期内企业在燃料燃烧和生产工艺过程中排入大气的烟尘及工业粉尘的总质量之和。

02.647 挥发性有机物排放量 volume of volatile organic compound discharged

石化行业通过设备动静密封点泄漏，有机液体储存与调和挥发损失，有机液体装卸挥发损失，废水集输、储存、处理处置过程逸散，燃烧烟气排放；工艺有组织排放，工艺无组织排放，采样过程排放，火炬排放，非正常工况（含开停工及维修）排放，冷却塔、循环水冷却系统释放，事故排放等 12 类源项排放的挥发性有机物总量。

02.648　涉挥发性有机物物料　volatile organic compound containing material，VOC containing material

挥发性有机物质量分数大于或等于10%的物料。主要包括有机气体、挥发性有机液体和重液体。

02.649　工业废气治理设施数　number of industrial waste gas treatment facilities

报告期末企业用于减少在燃料燃烧过程与生产工艺过程中排向大气的污染物或对污染物加以回收利用的废气治理设施总数。以一个废气治理系统为单位统计。包括除尘、脱硫、脱硝及其他污染物的烟气治理设施。

02.650　工业废气治理设施处理能力　treatment capacity of industrial waste gas treatment facilities

报告期末企业实有的废气治理设施的实际废气处理能力。

02.651　工业废气治理设施运行费用　operating cost of industrial waste gas treatment facilities

报告期内维持废气治理设施运行所发生的费用。包括能源消耗、设备折旧、设备维修、人员工资、管理费、药剂费及与设施运行有关的其他费用等。

02.652　一般工业固体废物产生量　volume of general industrial solid waste produced

未被列入《国家危险废物名录》或者根据国家规定的危险废物鉴别标准（GB 5085）、固体废物浸出毒性浸出方法（GB 5086）及固体废物浸出毒性测定方法（GB/T 15555）中的鉴别方法判定不具有危险特性的工业固体废物。

02.653　一般工业固体废物综合利用量　volume of general industrial solid waste utilized in a comprehensive way

报告期内企业通过回收、加工、循环、交换等方式，从固体废物中提取或者使其转化为可以利用的资源、能源和其他原材料的固体废物量（包括当年利用的往年工业固体废物累计储存量）。综合利用量由原产生固体废物的单位统计。

02.654　一般工业固体废物处置量　volume of general industrial solid waste treated

报告期内企业将工业固体废物焚烧和用其他改变工业固体废物的物理、化学、生物特性的方法，达到减少或者消除其危险成分的活动，或者将工业固体废物最终置于符合环境保护规定要求的填埋场的活动中，所消纳固体废物的量。

02.655　一般工业固体废物储存量　volume of general industrial stored up solid waste

报告期内企业以综合利用或处置为目的，将固体废物暂时储存或堆存在专设的储存设施或专设的集中堆存场所内的量。专设的固体废物储存场所或储存设施必须有防扩散、防流失、防渗漏、防止污染大气和水体的措施。

02.656　一般工业固体废物倾倒丢弃量　volume of general industrial solid waste discharged

报告期内企业将所产生的固体废物倾倒或者丢弃到固体废物污染防治设施、场所以外的量。

02.657　危险废物产生量　volume of hazardous waste produced

当年全年调查对象实际产生的危险废物的量。

02.658　危险废物综合利用量　volume of hazardous waste utilized in a comprehensive way

当年全年调查对象从危险废物中提取物质作为

原材料或者燃料的活动中消纳危险废物的量。包括本单位利用或委托、提供给外单位利用的量。

02.659 危险废物处置量 volume of hazardous waste treated

报告期内企业将危险废物焚烧和用其他改变工业固体废物的物理、化学、生物特性的方法，达到减少或者消除其危险成分的活动，或者将危险废物最终置于符合环境保护规定要求的填埋场的活动中，所消纳危险废物的量。处置量包括处置本单位或委托给外单位处置的量。

02.660 危险废物储存量 volume of stored up hazardous waste

将危险废物以一定包装方式暂时存放在专设的储存设施内的量。专设的储存设施指对危险废物的包装、选址、设计、安全防护、监测和关闭等符合《危险废物贮存污染控制标准》等相关环保法律法规要求，具有防扩散、防流失、防渗漏、防止污染大气和水体措施的设施。

03. 危险化学品与相关管理法规

03.001 危险货物 dangerous goods

具有爆炸、易燃、毒害、腐蚀、放射性等危险性，在运输、装卸和储存等过程中，容易造成人身伤亡和财产损毁而需要特别防护的货物。

03.002 剧毒化学品 highly toxic chemicals

具有剧烈急性毒性危害的化学品。包括人工合成的化学品及其混合物和天然毒素，还包括具有急性毒性易造成公共安全危害的化学品。

03.003 全球化学品统一分类和标签制度分类 Globally Harmonized System of Classification and Labelling of Chemicals classification

简称“GHS 分类（GHS classification）”。在联合国出版的指导各国控制化学品危害和保护人类健康与环境的规范性文件的基础上，对化学品的化学品物理危险、健康危害和环境危害进行的分类。

03.004 化学品危险种类 chemical hazard type

在全球化学品统一分类和标签制度分类体系中，对化学品物理危险、健康危害和环境危害进行分类后所得出的分类结果。例如，易燃固体、易燃液体等。

03.005 化学品危险类别 chemical hazard catetory

在全球化学品统一分类和标签制度分类体系中，按照危险程度对化学品的某一危险种类进一步细分而得到的分类结果。通常用数字表示，例如，易燃固体，类别 1；易燃液体，类别 2 等。

03.006 爆炸性物质 explosive substance

能通过化学反应在内部产生一定速度、一定温度与压力的气体，且对周围环境具有破坏作用的固体或液体物质（或固液混合物）。烟火物质或混合物无论其是否产生气体都属于爆炸性物质。

03.007 不稳定爆炸物 unstable explosive

对温度、火焰、摩擦、撞击等过于敏感，在正常搬运、操作、使用过程中容易引发爆炸的爆炸物。

03.008 爆炸性物品 explosive article

包含一种或多种爆炸物质的物品。

03.009 爆炸物 explosive

又称“爆炸品”。爆炸性物质和混合物、爆炸性物品以及前述之外而实际上又是以产生爆炸或焰火效果而制造的物质、混合物和物品。如烟火制品。

03.010 氧平衡 oxygen balance

物质中所含的氧用以完全氧化其所含的可氧化元素后，所多余或不足的氧量。氧平衡大于零时为正氧平衡，等于零时为零氧平衡，小于零时为负氧平衡。

03.011 烟火物质 pyrotechnic substance

以产生热、光、声、气、烟或几种效果的组合为特征，能发生非爆轰且自供氧放热化学反应的物质。

03.012 烟火制品 pyrotechnic article

包含一种或多种烟火物质的物品。

03.013 爆破炸药 blasting explosive

用于采矿、建筑和类似作业的起爆炸药。爆破炸药划分为A型、B型、C型、D型、E型五种类型，爆破炸药也可能含有惰性成分（如硅藻土）和少量的配料，如染色剂和稳定剂。

03.014 燃烧 combustion

物质进行剧烈的氧化还原反应，伴随发热和发光的现象。

03.015 爆炸 explosion

在极短时间内，释放出大量能量，产生高温，并放出大量气体，在周围造成高压的化学反应或状态变化的现象。

03.016 爆燃 deflagration

以接近爆炸性反应速率进行猛烈燃烧的现象。

03.017 爆轰 detonation

伴有快速化学反应区的冲击波在炸药中自行传播的现象。其反应区向未反应物质中推进的速度大于未反应物质中的声速。

03.018 冲击波 shock wave

在介质中以超声速传播的并有压力突然跃升然后慢慢下降特征的一种高强度压力波。

03.019 殉爆 sympathetic detonation

当炸药（主爆药）发生爆炸时，受冲击波的作用引起相隔一定距离的另一炸药（受爆药）爆炸的现象。

03.020 整体爆炸 mass detonation

几乎瞬时地影响到几乎整个包件的爆炸。

03.021 退敏爆炸品 desensitized explosive

为了抑制其爆炸性，用水、乙醇或其他物质稀释、溶解或分散爆炸物而形成的混合物。

03.022 民用爆炸品 civil explosive

用于矿山、工程爆破、娱乐等的各种非军用火药、炸药及其制品和点火、起爆器材。包括各类炸药、雷管、导火索、导爆索、非电导爆系统、起爆药的爆破药等爆破器材和黑火药、烟火药、民用信号弹和烟花爆竹等。

03.023 配装组 compatibility group

两种或两种以上爆炸品在一起能安全积载或运输，而不会明显地增加事故率或在一定量的情况下不会明显地提高事故危害程度的运输组合。

03.024 易燃气体 flammable gas

在 20℃和标准压力 101.3kPa 时与空气混合有一定易燃范围的气体。

03.025 化学不稳定性气体 chemical unstable gas

在没有空气或氧气时也能极为迅速反应的易燃气体。如乙炔等。

03.026 氧化性气体 oxidizing gas

一般通过提供氧，可引起或比空气更能促进其他物质燃烧的任何气体。

03.027 加压气体 pressurized gas

20℃下，压力等于或大于 200kPa（表压）下装入储器的气体，或是液化气体或冷冻液化气体。包括压缩气体、液化气体、溶解气体、冷冻液化气体。

03.028 溶解气体 dissolved gas

加压封装时溶解于液相溶剂中的气体。

03.029 冷冻液化气体 refrigerated liquefied gas

封装时由于其温度低而部分是液体的气体。

03.030 自反应物质 self-reactive substance

即使没有氧（空气）也容易发生激烈放热分解的热不稳定液态或固态物质。自反应物质如果在实验室试验中其组分容易起爆、迅速爆燃或在封闭条件下加热时显示剧烈效应，应视为具有爆炸性。

03.031 压缩气体 compressed gas

在–50℃加压封装时，完全是气态的气体。包括所有临界温度≤–50℃的气体。

03.032 液化气体 liquefied gas

在高于–50℃的温度下，加压封装时部分是液体的气体。分为高压液化气体和低压液化气体两种。

03.033 易燃固体 flammable solid

容易燃烧的或可通过摩擦引起或促进着火的固体。它们是与点火源（如着火的火柴）短暂接触能容易点燃且火焰迅速蔓延的粉状、颗粒状等固态物质。

03.034 自加速分解 self-accelerating decomposition

物质的放热分解反应导致其内部温度升高，而温度升高进一步加快分解放热，导致物质分解反应速率和温度升高速率都越来越快的现象。

03.035 自加速分解温度 self-accelerating decomposition temperature，SADT

物质在包装件或容器里能发生自动加速分解的最低温度。

03.036 自燃 autoignition，spontaneous ignition

在没有外界的引火源（如火花和火焰）时产生的放热的氧化反应，使物质在空气中燃烧释放出热量的现象。

03.037 自燃物质 pyrophoric substance

又称“发火物质”。没有外界的引火源，即使只有少量与空气接触，在常温下短时间内即发生自行燃烧的物质。

03.038 自热 self-heating

物质因与空气发生氧化反应而自行发生温度升高的现象。

03.039 自热物质 self-heating substance

与空气反应不需要能量供应就能够自热的固态或液态物质。此物质与自燃物质的不同之处在于仅在大量（千克级）并经过长时间（数小时或数天）才会发生自燃。

03.040 遇水放出易燃气体的物质 substance that emits flammable gases in contact with water

通过与水作用，容易具有自燃性或放出危险数量的易燃气体的固态或液态物质。

03.041 有机过氧化物 organic peroxide

含有二价—O—O—结构和可视为过氧化氢的一个或两个氢原子被有机基团取代的衍生物。

03.042 致癌性 carcinogenicity

因摄入某种化学品而具有的可诱发癌症或增加癌症发病率的性质。

03.043 生殖毒性 reproductive toxicity

对成年男性或女性的性功能和生育能力造成不利影响及对后代的发育可造成不利影响的毒性。

03.044 金属腐蚀物 corrosive to metal
通过化学作用会显著损伤甚至毁坏金属的物质。

03.045 急性毒性 acute toxicity
经口、经皮肤一次或24h内多次接触，或吸入接触化学品4h后，短期内出现的毒性效应。

03.046 半数致死剂量 median lethal dose，LD_{50}
在一定实验条件下，引起受试动物发生死亡概率为50%的化学物质剂量。

03.047 半数致死浓度 median lethal concentration，LC_{50}
在一定实验条件下，引起受试动物发生死亡概率为50%的化学物质浓度。

03.048 皮肤腐蚀 skin corrosion
对皮肤能造成不可逆损害的结果，即施用试验物质4h内，可观察到表皮和真皮坏死。典型的腐蚀反应具有溃疡、出血、血痂的特征，而且在14天观察期结束时，皮肤、完全脱发区域和结痂处由于漂白而褪色。应通过组织病理学检查来评估可疑的病变。

03.049 皮肤刺激 skin irritation
施用试验物质达到4h后对皮肤造成可逆损害的结果。

03.050 生殖细胞致突变性 germ cell mutagenicity
化学品引起人类生殖细胞发生可遗传给后代的突变。

03.051 遗传毒性 genetic toxicity
对基因组的损害能力。包括对基因组的毒作用引起的致突变性及其他各种不同效应。

03.052 致癌物 carcinogen
可导致癌症或增加癌症发病率的物质。

03.053 确定的人类致癌物 established human carcinogen
对人类致癌性证据充分的物质。

03.054 可能的人类致癌物 probable human carcinogen
对人类致癌性证据有限，对实验动物致癌性证据充分的物质。

03.055 可疑的人类致癌物 suspected human carcinogen
对人类致癌性证据有限，对实验动物致癌性证据并不充分；或对人类致癌性证据不足，对实验动物致癌性证据充分的物质。

03.056 特异性靶器官毒性–一次接触 specific target organ toxicity-single exposure
一次接触物质引起的特异性、非致死性靶器官毒性作用。包括所有明显的健康效应，可逆的和不可逆的、即时的和迟发的功能损害。

03.057 特异性靶器官毒性–反复接触 specific target organ toxicity- repeated exposure
反复接触物质引起的特异性、非致死性的靶器官毒性作用。包括所有明显的健康效应，可逆的和不可逆的、即时的和迟发的功能损害。

03.058 吸入危害 aspiration hazard
液态或固态化学品通过口腔或鼻腔直接进入或者因呕吐间接进入气管和下呼吸系统而造成的危害。

03.059 急性水生毒性 acute aquatic toxicity
物质在短时间内接触水生生物时对其造成的毒害性。

03.060 短期水生危害 short-term aquatic hazard
又称"急性水生危害（acute aquatic hazard）"。化学品的急性毒性对在水中短时间暴露的水生生物造成的危害。

03.061　长期水生危害　long-term aquatic hazard

化学品的慢性毒性对在水中长期暴露的水生生物造成的危害。

03.062　生物蓄积　bioaccumulation

生物有机体在生长发育过程中直接从环境介质或从所消耗的食物中吸收并积累外源化学物质的现象。

03.063　生物富集　bioconcentration

试验生物体（或特定组织）内某种受试物的浓度相对于试验介质中该物质浓度的增加。

03.064　慢性水生毒性　chronic aquatic toxicity

可对水中接触该物质的生物体造成有害影响，接触时间根据生物体的生命周期确定，是物质本身的性质。

03.065　持久性化学品　persistent chemicals

能持久存在于环境中、通过生物食物链（网）累积，并对人类健康造成有害影响的化学品。

03.066　生物累积性化学品　bioaccumulative chemicals

蓄积在食物链中或容易通过周围媒介富集到生物体内，并通过食物链的生物放大作用达到中毒浓度的化学品。当物质于生物体内的摄取储存速度高于其代谢（分解）或排泄速度时，产生累积的化学品。

03.067　闪点　flash point

在规定试验条件下用点火源引燃物质，通常是液体物质能发生闪燃现象的最低温度。

03.068　自燃温度　autoignition temperature

又称“自燃点”。在特定的实验条件下发生自燃的最低温度。

03.069　自［发］热温度　spontaneous heating temperature，self-heating temperature

在特定的实验条件下产生自发热或自热时的最低温度。

03.070　爆炸极限　explosion limit

又称“燃烧极限”。可燃气体、液体蒸气或可燃粉尘与空气或氧化性气体混合后能发生燃烧或爆炸的最低和最高浓度。

03.071　爆炸上限　upper explosion limit，UEL

又称“燃烧上限”。可燃气体、液体蒸气或可燃粉尘与空气或氧化性气体混合后，遇火源即能发生燃烧或爆炸的最高浓度。

03.072　爆炸下限　lower explosion limit，LEL

又称“燃烧下限”。可燃气体、液体蒸气或可燃粉尘与空气或氧化性气体混合后，遇火源即能发生燃烧或爆炸的最低浓度。

03.073　感度　sensitivity

在外界能量作用下，工业炸药、火工药剂、火工品或其他化学品受到初始冲能作用发生燃烧或爆炸的难易程度。

03.074　机械感度　mechanical sensitivity

在机械（如摩擦、撞击、针刺）作用下，炸药或其他化学品发生燃烧或爆炸的难易程度。

03.075　撞击感度　impact sensitivity

在机械撞击作用下，炸药或其他化学品发生燃烧或爆炸的难易程度。

03.076　摩擦感度　friction sensitivity

在机械摩擦作用下，炸药或其他化学品发生燃烧或爆炸的难易程度。

03.077　火焰感度　flame sensitivity

在火焰作用下，炸药或其他化学品发生燃烧或爆炸的难易程度。

03.078 静电火花感度 electric spark sensitivity
在静电放电火花的作用下，炸药或其他化学品发生燃烧或爆炸的难易程度。

03.079 冲击波感度 shock wave sensitivity
在冲击波作用下，炸药或其他化学品发生燃烧或爆炸的难易程度。

03.080 燃烧热 heat of combustion
单位质量的物质完全燃烧所释放出的热量。

03.081 最小点火能 minimum ignition energy
点燃可燃物质的最小能量。

03.082 氧化性物质 oxidizing substance
本身未必燃烧，但可能引起或促使其他物质燃烧的物质。

03.083 毒性物质 toxic substance
经吞食、吸入或与皮肤接触后可能造成死亡或严重受伤或损害人类健康的物质。

03.084 感染性物质 infectious substance
已知或有理由认为含有病原体的物质。

03.085 放射性物质 radioactive substance
任何含有放射性核素并且其活度浓度和放射性总活度都超过 GB 11806—2019 规定限值的物质。

03.086 腐蚀性物质 corrosive substance
通过化学作用使生物组织接触时造成严重损伤或在渗漏时会严重损害甚至毁坏其他货物或运载工具的物质。

03.087 物理危险 physical hazard
化学品所具有的爆炸性、燃烧性（易燃或可燃性、自燃性、遇湿易燃性）、自反应性、氧化性、高压气体危险性、金属腐蚀性等危险性。

03.088 健康危害 health hazard
根据已确定的科学方法进行研究，由得到的统计资料证实，接触某种化学品对人员健康造成的急性或慢性危害。

03.089 环境危害 environmental hazard
化学品进入环境后通过环境蓄积、生物累积、生物转化或化学反应等方式，对环境产生的危害。

03.090 窒息 asphyxia
人体的呼吸过程由于某种原因受阻或异常，所产生的全身各器官组织缺氧，二氧化碳潴留而引起的组织细胞代谢障碍、功能紊乱和形态结构损伤的病理状态。

04. 可持续发展

04.001 可持续发展战略 sustainable development strategy
企业在追求自我生存和永续发展的过程中，既要考虑企业经营目标的实现和提高企业市场地位，又要保持企业在已领先的竞争领域和未来扩张的经营环境中，始终保持持续的盈利增长和能力的提高，保证企业在相当长的时间内长盛不衰的发展战略。

04.002 清洁能源 clean energy
（1）狭义的清洁能源是指可再生能源。如水能、生物能、太阳能、风能、地热能和海洋能。（2）广义的清洁能源还包括在能源的生产及其消费过程中，选用对生态环境低污染或无污染的能源。如天然气、清洁煤和核能等。

04.003 可再生能源 renewable energy
消耗后可得到恢复补充，不产生或极少产生污染物的能源。如风能、太阳能、水能、生物质能、地热能、海洋能等非化石能源。

04.004 生物质能源 biomass energy
太阳能以化学能形式储存于生物质中的能量形式，即以生物质为载体的能量。其直接或间接地来源于绿色植物的光合作用，可转化为常规的固态、液态和气态燃料，是一种可再生能源。

04.005 清洁发展机制 clean development mechanism
根据《京都议定书》第十二条建立的发达国家与发展中国家合作减排温室气体的灵活机制。它允许工业化国家的投资者在发展中国家实施有利于发展中国家可持续发展的减排项目，从而减少温室气体排放量。

04.006 绿色发展 green development
建立在生态环境容量和资源承载力的约束条件下，将环境保护作为实现可持续发展重要支柱的一种新型发展模式。

04.007 绿色化工 green chemical industry
在化工产品生产过程中，从工艺源头上运用环保理念，推行源消减，进行生产过程的优化集成，实现废物再利用与资源化，从而降低生产成本与消耗，减少废弃物的排放和毒性，减少产品全生命周期对环境的不良影响。

04.008 绿色技术 green technology
能减少污染、降低消耗、治理污染或改善生态的技术体系。可以防止和治理污染，改善生态，实现人与自然的协调发展。

04.009 绿色制造技术 green manufacturing technology
以绿色理念为指导，综合运用绿色设计、绿色工艺、绿色生产、绿色包装等为一体的科学技术。其目标是使得产品从设计、制造、包装、运输、使用到报废处理的整个生命周期中，对环境负面影响最小，资源利用率最高。

04.010 资源环境承载力 resource environmental carrying capacity
在一定的时期和一定的区域范围内，在维持区域资源结构符合持续发展需要、区域环境功能仍具有维持其稳态效应能力的条件下，区域资源环境系统所能承受人类各种社会经济活动的能力。

04.011 生物多样性 biodiversity
所有来源的活的生物体中的变异性。这些来源包括陆地、海洋和其他水生生态系统及其所构成的生态综合体等。包含物种内部、物种之间和生态系统的多样性。

04.012 碳捕集与封存 carbon capture and storage
将生产过程产生的二氧化碳（CO_2）收集起来，并用各种方法储存以避免其排放到大气中的一种技术。

04.013 碳交易 carbon trading
为促进全球温室气体减排，减少全球二氧化碳排放所采用的市场机制，即把二氧化碳排放权作为一种商品，从而形成的二氧化碳排放权的交易。

04.014 碳排放 carbon emission
温室气体的排放。温室气体中最主要的气体是二氧化碳，因此用碳作为代表。

04.015 碳补偿 carbon offset
又称“碳中和（carbon neutral）”。通过计算日常活动直接或间接制造的二氧化碳排放总量，并计算抵消这些二氧化碳所需的经济成本，然后通过植树或其他环保项目等方式把这些排放量抵消掉，以达到环保的目的。

04.016　碳税　carbon tax

针对二氧化碳排放所征收的税。它以环境保护为目的，希望通过削减二氧化碳排放来减缓全球变暖。

04.017　碳足迹　carbon footprint

企业机构、活动、产品或个人通过交通运输、食品生产和消费以及各类生产过程等引起的温室气体排放的集合。

04.018　碳金融　carbon finance

低碳经济投融资活动，即碳融资和碳物质的买卖。即服务于限制温室气体排放等技术和项目的直接投融资、碳权交易和银行贷款等金融活动。

04.019　碳盘查　carbon accounting

又称"编制温室气体排放清单（compilation of greenhouse gas emission inventory）"。以政府、企业等为单位计算其在社会和生产活动中各环节直接或者间接排放的温室气体。

04.020　碳资产　carbon asset

在强制碳排放权交易机制或者自愿碳排放权交易机制下，产生的可直接或间接影响组织温室气体排放的配额排放权、减排信用额及相关活动。

04.021　碳配额　carbon quota

一个国家或一个企业每年的二氧化碳许可排放量。

04.022　核证减排量　certified emission reduction

得到联合国清洁发展机制执行理事会签发证明的，在清洁发展机制项目中达到的温室气体减排量。

04.023　温室效应　greenhouse effect

大气能使太阳短波辐射到达地面，但地表受热后向外放出的大量长波热辐射线却被大气吸收，使地表与低层大气温度升高的效应。

04.024　臭氧层　ozone layer

大气层平流层中臭氧浓度相对较高的部分。其主要作用是吸收短波紫外线。

04.025　臭氧层空洞　ozone hole

大气平流层中臭氧浓度大量减少的空域。

英 汉 索 引

A

B

C

D

daily exposure duration to vibration　日接振时间　02.183
damaging thing　致害物　02.119
dangerous failure　危险失效　02.066
dangerous goods　危险货物　03.001
5-day biochemical oxygen demand volume loading rate　五日生化需氧量容积负荷　02.341
DC　诊断覆盖率　02.069
decoking flue gas　清焦烟气　02.412
decontamination　洗消　02.541
deepwater horizon accident　深水地平线平台火灾爆炸事故　02.163
defect assessment　缺陷评定　02.040
deflagration　爆燃　03.016
demulsification　破乳　02.325
denitration agent　脱硝助剂　02.431
denitrification　反硝化　02.347
denitrification system　脱硝系统　02.425
deodorizing equipment　脱臭装置　02.454
desensitized explosive　退敏爆炸品　03.021
desulfurization agent　脱硫助剂　02.423
determination range　测定范围　02.585
detonation　爆轰　03.017
DF　危险失效　02.066
diagnostic coverage　诊断覆盖率　02.069
difficultly biodegradable waste water　难生物降解污水　02.315
direct cooling water　直接冷却水　02.634
direct discharge　直接排放　01.070
direct economic loss　直接经济损失　02.114
direct work process　直接作业环节　02.008
discrete sampling　不连续采样　02.605
dissolved gas　溶解气体　03.028
domestic sewage　生活污水　02.313
drilling fluid　钻井液　02.461
drilling mud　*钻井泥浆　02.461
drilling waste water　钻井废水　02.296
dry desulfurization　干法脱硫　02.415
dry flue gas of standard condition　标准状态下的干排气　02.614
dust dispersity　粉尘分散度　02.201
dust explosion　粉尘爆炸　02.154
dust removal system　除尘系统　02.433

E

early-warning　预警　02.105
ecological civilization　生态文明　01.106
ecological compensation mechanism　生态补偿机制　01.122
ecological protection red line　生态保护红线　02.222
ecological restoration　生态修复　02.224
ecological safety　生态安全　02.223
ecology destroying　生态破坏　02.225
ED　电渗析　02.383
effect evaluation of occupational hazard control in construction project　建设项目职业病危害控制效果评价　02.210
effluent segregation　清污分流　02.279
EL　超限倍数　02.192
electric coagulation equipment　电絮凝装置　02.372
electric desalting drainage　电脱盐排水　02.301
electric shock　触电　02.124
electric spark sensitivity　静电火花感度　03.078
electrodialysis　电渗析　02.383
electrostatic-fabric integrated dedusting　电袋复合除尘　02.442
electrostatic-fabric integrated precipitator　电袋复合式除尘器　02.441
electrostatic mist precipitator　电除雾器　02.446
electrostatic precipitator　电除尘器　02.440
emergency drill　应急演练　02.102
emergency evacuation facility　安全疏散设施　02.145
emergency facilities for environmental accident　环境事件应急设施　02.530
emergency management　应急管理　01.048
emergency management system　应急管理体系　01.049
emergency materials　应急物资　02.101
emergency monitoring　应急监测　02.103

equipment failure analysis 设备失效分析 02.031
equipment safety assessment 设备安全评估 02.039
equivalent continuous A-weighted sound pressure level 等效声级，*等效连续 A 声级 02.500
ergonomics 工效学 02.221
erosion corrosion 冲刷腐蚀 02.038
ESD 紧急停车系统 02.087
established human carcinogen 确定的人类致癌物 03.053
ETA 事件树分析 02.025
event tree analysis 事件树分析 02.025
examination of occupational hazard protective facility design in construction project 建设项目职业病防护设施设计审查 02.209
excavation work 动土作业，*破土作业 02.016
excess activated sludge 剩余活性污泥 02.458
excess air coefficient 过量空气系数 02.615
excursion limits 超限倍数 02.192
explosion 爆炸 03.015
explosion limit 爆炸极限，*燃烧极限 03.070
explosion suppression device 抑爆装置 02.049
explosive 爆炸物，*爆炸品 03.009
explosive article 爆炸性物品 03.008
explosive substance 爆炸性物质 03.006
exposure level 接触水平 02.176
exposure time rate 接触时间率 02.207
extended producer responsibility system 生产者责任延伸制度 02.247
extended aeration 延时曝气 02.358
extraordinarily serious accident 特别重大事故 02.107

F

failure 失效 02.064
failure mode and effect analysis 故障模式与影响分析 02.023
fall from height 高处坠落 02.126
fall off floatation 散气气浮 02.330
fault tree analysis 故障树分析 02.024
FCS 总线控制系统 02.082
FEI 火灾爆炸指数评价法 02.027
Fenton reagent 芬顿试剂 02.386
FGD technology * FGD 技术 02.413
fieldbus control system 总线控制系统 02.082
filter dust separator 过滤式除尘器 02.439
filtration 过滤 02.374
filtration process 过滤法 02.377
fire compartment 防火分区 02.146
fire compartmentation 防火分隔 02.147
fire dike 防火堤 02.127
fire-explosion index 火灾爆炸指数评价法 02.027
fire extinguishing agent 灭火剂 02.141
fire operation 动火作业 02.011
fire resistance rating 耐火等级 02.149
firewall 防火墙 02.148
first aid 现场急救 02.100
fitness-for-service assessment 合乎使用评定 02.041
fitness-for-service corrosion assessment 腐蚀适应性评估 02.043
fixed bed adsorber 固定床吸附器 02.450
fixed sound source 固定声源 02.497
flame arrester 阻火器 02.057
flame sensitivity 火焰感度 03.077
flammable gas 易燃气体 03.024
flammable solid 易燃固体 03.033
flare system 火炬系统 02.139
flare waste gas 火炬废气 02.397
flash burn 闪燃 02.152
flash explosion 闪爆 02.153
flash point 闪点 03.067
Flixborough accident 弗利克斯伯勒爆炸事故 02.159
floor flushing water 地面冲洗水 02.311
flue gas desulfurization technology 烟气脱硫技术 02.413
fluidized bed adsorber 流化床吸附器 02.452
fluorescent leak detection 荧光粉检漏 02.447
fly ash 飞灰 02.495
FMEA 故障模式与影响分析 02.023
foam extinguishing agent 泡沫灭火剂 02.142

G

H

I

J

K

L

M

N

neutralization 中和 02.331
NF 纳滤 02.381
nitrification 硝化 02.346
nitrogen sealed 氮封 02.052
no effect failure 无影响失效 02.067
noise-sensitive buildings 噪声敏感建筑物 02.501
non-contaminated prevention area 非污染防治区 02.494
non-methane total hydrocarbon 非甲烷总烃 01.102
normalized continuous A-weighted sound pressure level equivalent to an 8h-working-day 8h 等效声级，*按额定 8h 工作日规格化的等效连续 A 计权声压级 02.203
normalized continuous A-weighted sound pressure level equivalent to a 40h-working-week 40h 等效声级，*按额定每周工作 40h 规格化的等效连续 A 计权声压级 02.204
normal situation emission 正常工况排放 01.072
number of industrial waste gas treatment facilities 工业废气治理设施数 02.649
number of industrial waste water treatment facilities 工业废水治理设施数 02.640

O

object strike 物体打击 02.121
occupational hazard factor 职业性有害因素，*职业病危害因素 01.057
occupational contraindication 职业禁忌证 02.175
occupational disease 职业病 01.058
occupational exposure limit 职业接触限值 02.187
occupational exposure limit for noise in the workplace 噪声职业接触限值 02.193
occupational hazard 职业危害 01.056
occupational health 职业卫生 01.054
occupational health and safety management system 职业健康安全管理体系 01.015
occupational health promotion 职业健康促进 02.218
occupational health standard 职业卫生标准 01.055
occupational health surveillance 职业健康监护 01.059
occupational medicine 职业医学 02.174
occupational safety 职业安全 01.002
odor concentration 臭气浓度 02.261
odor pollutant 恶臭污染物 02.260
OEL 职业接触限值 02.187
offense of environmental pollution 污染环境罪 01.105
oil absorption felt 吸油毡 02.547
oil-base mud 油基泥浆 02.463
oil containment boom 围油栏 02.545
oil extraction waste water 采油废水 02.297
oilfield produced water 油田采出水 02.298
oil gelling agent 凝油剂 02.549
oil resistant clothing 防油服 02.172
oil separation 隔油 02.326
oil skimmer 收油机 02.546
oil spill dispersant 溢油分散剂，*消油剂 02.548
oil spill monitoring alarm equipment 溢油监测报警仪 02.536
oil tank automatic hydroextractor 油罐自动切水器 02.376
oil tank water 油罐切水 02.310
oil vapor emission concentration 油气排放浓度 02.401
oil vapor recovery 油气回收 02.399
oil vapor recovery system 油气回收系统 02.400
oily waste water 含油废水 02.304
once-through cooling water system 直流冷却水系统 02.633
online monitoring 在线监测 02.020
operating cost of industrial waste gas treatment facilities 工业废气治理设施运行费用 02.651
operating cost of industrial waste water treatment facilities 工业废水治理设施运行费用 02.642
operation condition 工况 02.612
operation waste water 作业废水 02.295
ordinary accident 一般事故 02.110
ordinary environmental accident 一般突发环境事件 02.525
organic peroxide 有机过氧化物 03.041
overpressure relief device 超压泄放装置 02.045
oxidation ditch activated sludge process 氧化沟活性污泥法 02.351
oxidation pond 氧化塘 02.375

P

Q

R

S

solid waste monitoring　固体废物监测　02.567
sour sewage　含硫污水　02.303
sour water stripping　含硫污水汽提　02.321
source reduction　源削减　02.277
source-separated sewage treatment　污物分治　02.280
source term analysis　源项分析　02.515
special equipment　特种设备　02.032
special limitation for air pollutant　大气污染物特别排放限值　01.100
special work　特种作业　02.019
specific target organ toxicity-repeated exposure　特异性靶器官毒性-反复接触　03.057
specific target organ toxicity-single exposure　特异性靶器官毒性-一次接触　03.056
spilled oil recovery ship　溢油回收船　02.550
spontaneous heating temperature　自［发］热温度　03.069
spontaneous ignition　自燃　03.036
sporadic noise　偶发噪声　02.264
spurious trip rate　误动率，*误停车率　02.073
SRT　污泥泥龄　02.343
stabilized high pressure fire water system　稳高压消防水系统　02.132
stationary pollution source　固定污染源　01.098
stationary source waste gas monitoring　固定源废气监测　02.565
steam stripping　汽提　02.322
storage site　贮存场　02.268
STR　误动率，*误停车率　02.073
stripping purified water　汽提净化水　02.309
substance that emits flammable gases in contact with water　遇水放出易燃气体的物质　03.040
sulfur recovery tail gas　硫磺装置尾气　02.410
summer prevailing wind direction　夏季主导风向　02.212
supervisory control and data acquisition　数据采集与监控系统　02.083
suppressant　抑爆剂　02.050
suspected human carcinogen　可疑的人类致癌物　03.055
sustainable cleaner production　持续清洁生产　02.293
sustainable development　可持续发展　01.115
sustainable development strategy　可持续发展战略　04.001
sympathetic detonation　殉爆　03.019
systematic safety integrity　系统安全完整性　02.062

T

tail gas　［工艺］尾气　02.395
tank breathing exhaust gas　储罐呼吸排气　02.398
temporary electricity work　临时用电作业　02.012
Texas Refinery accident　得克萨斯炼油厂蒸气云爆炸事故　02.162
theory on perturbation origin of accident　事故扰动起源论　02.095
thermal desorption　热解吸　02.465
thermal injury　灼烫　02.125
third-party environment management　环境第三方治理　02.229
three level checking and four level verifying　三查四定　01.038
three-simultaneousness　三同时　01.011
three-sludge　三泥　02.457
threshold odor number　嗅阈值　02.262
TOC　总有机碳　01.087
total amount control　总量控制　02.281
total amount of pollutant discharge　污染物排放总量　01.069
total carbon　总碳　01.085
total dust　总粉尘　02.199
total inorganic carbon　总无机碳　01.086
total nitrogen　总氮　01.089
total organic carbon　总有机碳　01.087
total phosphorus　总磷　01.091
total volume of oilfield waste water reinjected　油田废水回注总量　02.636
total volume of pollution discharged　排污总量　02.630
total volume of waste water reused　废水回用总量　02.629
total water resources　水资源总量　02.623
total water supply　供水总量　02.626

U

V

volume of stored up hazardous waste　危险废物储存量　02.660
volume of surface water resources　地表水资源量　02.624
volume of volatile organic compound discharged　挥发性有机物排放量　02.647
voluntary cleaner production audit　自愿性清洁生产审核　02.290

W

WAO　湿式氧化　02.474
warning sign　警示标识　02.217
waste disposal　废物处置　02.480
waste gas disposal rate　废气处理率　01.096
waste mineral oil　废矿物油　02.464
waste reduction　减量化　02.274
waste residue　废渣　02.459
waste solidification　废物固化处理　02.478
waste storage　废物储存　02.476
waste treatment　废物处理　02.477
waste utilization　废物利用　02.479
waste water disposal　污水处理　01.077
waste water reclamation　污水再生利用　01.080
waste water reuse　污水回用　01.078
waste water treatment and reuse system　污水处理与回用系统　02.316
water-base mud　水基泥浆　02.462
water-drawing permit system　取水许可制度　02.227
water environmental risk　水体环境风险　02.503
water pollutant　水污染物　01.082
water pollutant factor　水污染物因子　01.088
water pollution source online monitoring equipment　水污染源在线监测仪器　02.571
water pollution source online monitoring system　水污染源在线监测系统　02.572
water quality monitoring　水质监测　02.564
water quality standard　水环境质量标准　02.256
water reuse rate　水重复利用率　01.076
water sample　水样　02.604
water spray　水喷淋　02.053
water-surface oil spill accident　水上溢油事故　02.526
WBGT index　＊WBGT 指数　02.184
wet air oxidation　湿式氧化　02.474
wet-bulb globe temperature index　湿球黑球温度指数　02.184
wet desulfurization　湿法脱硫　02.414
wet dust collector　湿式除尘器　02.435
wet dust extraction　湿法防尘　02.434
wet mist separator　湿式除雾器　02.445
wind rose diagram　风玫瑰图　02.213
work at height　高处作业　02.013
work exposed to noise　噪声作业　02.181
work in cold environment　低温作业　02.015
work in confined space　受限空间作业　02.010
working time rate　劳动时间率　02.220
work in hot environment　高温作业　02.014
work in ray environment　射线作业　02.018
work intensity　劳动强度　02.219
workplace　工作场所　02.178
work-related disease　工作相关疾病　01.060

汉 英 索 引

A

B

C

D

E

F

废物储存　waste storage　02.476
废物处理　waste treatment　02.477
废物处置　waste disposal　02.480
废物固化处理　waste solidification　02.478
废物利用　waste utilization　02.479
废渣　waste residue　02.459
*GHS 分类　GHS classification　03.003
芬顿试剂　Fenton reagent　02.386
粉尘爆炸　dust explosion　02.154
粉尘分散度　dust dispersity　02.201
风玫瑰图　wind rose diagram　02.213
风险　risk　01.019
风险评估　risk assessment　01.025
弗利克斯伯勒爆炸事故　Flixborough accident　02.159
腐蚀调查　corrosion investigation　02.036
腐蚀监测　corrosion monitoring　02.058
腐蚀适应性评估　fitness-for-service corrosion assessment　02.043
腐蚀性物质　corrosive substance　03.086
*复现性　reproducibility　02.591

G

感度　sensitivity　03.073
感染性物质　infectious substance　03.084
干法脱硫　dry desulfurization　02.415
干粉灭火剂　powder extinguishing agent　02.144
高处坠落　fall from height　02.126
高处作业　work at height　02.013
高级氧化　advanced oxidation process　02.384
高温作业　work in hot environment　02.014
隔堤　intermediate dike　02.533
隔绝式呼吸器　self-contained respirator　02.168
隔水层　aquifuge　02.622
隔油　oil separation　02.326
个体防护装备　personal protective equipment，PPE　02.166
跟踪监测　track monitoring　02.557
工况　operation condition　02.612
工效学　ergonomics　02.221
工业重复用水量　volume of industrial water reused　02.628
工业氮氧化物排放量　volume of industrial nitrogen oxide discharged　02.645
工业二氧化硫排放量　volume of industrial sulphur dioxide discharged　02.644
工业废气排放量　volume of industrial waste gas emission　02.643
工业废气治理设施处理能力　treatment capacity of industrial waste gas treatment facilities　02.650
工业废气治理设施数　number of industrial waste gas treatment facilities　02.649
工业废气治理设施运行费用　operating cost of industrial waste gas treatment facilities　02.651
工业废水排放达标量　volume of industrial waste water up to the standard for discharge　02.638
工业废水排放达标率　ratio of industrial waste water up to the standard for discharge　02.639
工业废水排放量　volume of industrial waste water discharged　02.637
工业废水治理设施处理能力　treatment capacity of industrial waste water treatment facilities　02.641
工业废水治理设施数　number of industrial waste water treatment facilities　02.640
工业废水治理设施运行费用　operating cost of industrial waste water treatment facilities　02.642
工业通风　industrial ventilation　02.214
工业烟粉尘排放量　volume of industrial soot and dust discharged　02.646
工业用水考核指标　industrial water examination index　01.075
工业用水量　volume of industrial water used　02.627
［工艺］尾气　tail gas　02.395
工作场所　workplace　02.178
*工作危害分析　job hazard analysis，JHA　02.022
工作相关疾病　work-related disease　01.060
功能安全　functional safety　02.076
功能安全评估　functional safety assessment　02.077

H

J

K

可燃气体探测系统　combustible gas detection system　02.136
可疑的人类致癌物　suspected human carcinogen　03.055
可再生能源　renewable energy　04.003
克劳斯法脱硫　Claus desulfurization　02.417
空白试验　blank test　02.595
空气动力学直径　aerodynamic diameter　02.202
空气监测　air monitoring　02.198
空气污染指数　air pollution index　02.253
控制断面　control cross-section　02.555
控制燃烧　control burning　02.542
跨界水体　transboundary water　02.513

L

拦污坝　accident water dam　02.544
劳动保护　labour protection　01.003
劳动强度　work intensity　02.219
劳动时间率　working time rate　02.220
冷冻液化气体　refrigerated liquefied gas　03.029
冷凝水　condensate water　02.308
离子交换　ion exchange　02.389
立即威胁生命或健康的浓度　immediately dangerous to life or health concentration，IDLH　02.197
连续采样　continuous sampling　02.601
联锁系统　interlock system　02.086
两相厌氧反应器　two-phase anaerobic reactor　02.363
量值溯源　traceability　02.580
临时用电作业　temporary electricity work　02.012
领结图分析　bow-tie analysis　02.026
*流动污染源　mobile pollution source　01.099
流化床吸附器　fluidized bed adsorber　02.452
硫磺装置尾气　sulfur recovery tail gas　02.410
炉内喷钙　limestone injection into furnace　02.424
绿色发展　green development　04.006
绿色化工　green chemical industry　04.007
绿色技术　green technology　04.008
绿色经济　green economy　01.117
绿色制造技术　green manufacturing technology　04.009

M

慢性水生毒性　chronic aquatic toxicity　03.064
盲板抽堵作业　blind plate work　02.017
镁法脱硫　magnesium desulfurization　02.421
密闭排放系统　closed vent system　02.396
灭火剂　fire extinguishing agent　02.141
民用爆炸品　civil explosive　03.022
膜生物法　membrance biological process　02.352
摩擦感度　friction sensitivity　03.076
末端治理　end treatment　02.282

N

纳滤　nanofiltration，NF　02.381
耐火等级　fire resistance rating　02.149
难生物降解污水　difficultly biodegradable waste water　02.315
内循环厌氧反应器　internal circulation anaerobic reactor　02.368
能量代谢率　energy metabolic rate　02.179
能量释放论　energy release theory　02.094
凝油剂　oil gelling agent　02.549

O

偶发噪声　sporadic noise　02.264

P

Q

R

S

T

W

X

Y

烟气脱硫技术　flue gas desulfurization technology　02.413
烟雾探测报警系统　smoke detecting and alarm system　02.134
延时曝气　extended aeration　02.358
研究性监测　research monitoring　02.561
厌氧接触法　anaerobic contact process　02.365
厌氧膨胀床　anaerobic expansion bed　02.369
厌氧-缺氧-好氧活性污泥法　anaerobic anoxic oxic activated sludge process　02.359
厌氧生物处理　anaerobic biological treatment　02.336
厌氧生物流化床　anaerobic bio-fluidized bed　02.367
厌氧生物滤池　anaerobic biological filter　02.366
氧化沟活性污泥法　oxidation ditch activated sludge process　02.351
氧化沥青尾气　oxidized asphalt tail gas　02.409
氧化塘　oxidation pond　02.375
氧化性气体　oxidizing gas　03.026
氧化性物质　oxidizing substance　03.082
氧平衡　oxygen balance　03.010
要害部位　vital site　02.035
要求平均失效概率　average probability of failure on demand，PFDavg　02.070
液化气体　liquefied gas　03.032
液位报警　liquid level alarm　02.135
一般工业固体废物　general industrial solid waste　02.267
一般工业固体废物产生量　volume of general industrial solid waste produced　02.652
一般工业固体废物储存量　volume of general industrial stored up solid waste　02.655
一般工业固体废物处置量　volume of general industrial solid waste treated　02.654
一般工业固体废物倾倒丢弃量　volume of general industrial solid waste discharged　02.656
一般工业固体废物综合利用量　volume of general industrial solid waste utilized in a comprehensive way　02.653
一般固体废物　general solid waste　01.103
一般事故　ordinary accident　02.110
一般突发环境事件　ordinary environmental accident　02.525
一般污染防治区　minor contamination prevention area　02.492
移动床吸附器　moving bed adsorber　02.451
移动污染源　mobile pollution source　01.099
遗传毒性　genetic toxicity　03.051
以可靠性为中心的维护　reliability centered maintenance，RCM　02.030
抑爆剂　suppressant　02.050
抑爆装置　explosion suppression device　02.049
易燃固体　flammable solid　03.033
易燃气体　flammable gas　03.024
溢油分散剂　oil spill dispersant　02.548
溢油回收船　spilled oil recovery ship　02.550
溢油监测报警仪　oil spill monitoring alarm equipment　02.536
隐患　accident potential　01.020
荧光粉检漏　fluorescent leak detection　02.447
应急处置　emergency response　02.104
应急管理　emergency management　01.048
应急管理体系　emergency management system　01.049
应急监测　emergency monitoring　02.103
应急救援　emergency rescue　02.099
应急联动　integrated emergency response　02.106
应急物资　emergency materials　02.101
应急演练　emergency drill　02.102
应急预案　emergency response proposal　02.098
硬件安全完整性　hardware safety integrity　02.061
油罐切水　oil tank water　02.310
油罐自动切水器　oil tank automatic hydroextractor　02.376
油基泥浆　oil-base mud　02.463
油气回收　oil vapor recovery　02.399
油气回收系统　oil vapor recovery system　02.400
油气排放浓度　oil vapor emission concentration　02.401
油田采出水　oilfield produced water　02.298
油田废水回注总量　total volume of oilfield waste water reinjected　02.636

Z

（TQ-1315.31）
ISBN 978-7-03-066281-1
定价：128.00元